# 我把内耗扔掉了

满堂 著
NOV姐姐

浙江教育出版社·杭州

**图书在版编目（CIP）数据**

我把内耗扔掉了 / 满堂著. — 杭州 : 浙江教育出版社, 2025. 3. -- ISBN 978-7-5722-9298-9

Ⅰ. B842.6-49

中国国家版本馆 CIP 数据核字第 202498NZ20 号

**我把内耗扔掉了**

WO BA NEIHAO RENGDIAOLE

满堂 著

**责任编辑：**赵露丹
**美术编辑：**韩 波
**责任校对：**马立改
**责任印务：**时小娟
**出版发行：**浙江教育出版社
（杭州市环城北路 177 号 电话：0571-88900883）
**印 刷：**嘉业印刷（天津）有限公司
**开 本：**880mm ×1230mm 1/32
**成品尺寸：**145mm × 210mm
**印 张：**10
**字 数：**199 千字
**版 次：**2025 年 3 月第 1 版
**印 次：**2025 年 3 月第 1 次印刷
**标准书号：**ISBN 978-7-5722-9298-9
**定 价：**59.00 元

小心你的思想，它会变成你的语言；

小心你的语言，它会变成你的行动；

小心你的行动，它会变成你的习惯；

小心你的习惯，它会变成你的性格；

小心你的性格，它会变成你的命运。

——有人说这话是撒切尔夫人说的，但我没有查到确切的出处，请允许我把它放在这里。

# 序

有一个故事来自六祖慧能，有天，有人问了他一个尖刻的问题，说：“大师啊，这世上有这么多人，天天念经想去极乐世界，他们真的去得了吗？”

慧能说：“极乐世界嘛，我们现在就能到，你想不想跟我去看看？”

那人说：“想啊，您赶紧带我开开眼！”

慧能说：“好的，我们已经到了。”

你肯定想问，大师什么意思？为什么当下就是极乐世界？

故事还没讲完，再听第二个——

有一天，一名学生进入了京都大学的讲堂，听见一位教授在那儿讲话："每一个学我这门课的人，在当下就能获得幸福！"这名学生瞬间觉得像被灌了一碗毒鸡汤，开什么玩笑？人怎么可能瞬间就变得幸福呢？但在多年以后，他觉悟到，的确可以。

这名学生叫岸见一郎，他后来写了一本书，叫《被讨厌的勇气："自我启发之父"阿德勒的哲学课》，而那位讲台上的教授，就是心理学三巨头之一的阿尔弗雷德·阿德勒。

那么问题来了，为什么慧能和阿德勒都仿佛自带幸福开关似的，当下就能切换，而他们的徒弟和学生们却一下子做不到呢？他们的差距在哪里呢？

你可能会说，这个开关，其实就是智慧。那什么是智慧呢？

说白了，就是我们认识世界的方法和解决问题的模式，用现代人的话说，就是"思维方式"。

而不同领域的研究呢，会带给你不同的思维方式，给你不同的行为指导——

比如，关于“如何摆脱痛苦，拥有尽可能快乐的人生”：

脑科学家会说：你要放弃多巴胺，拥抱内啡肽啊！

可你会问：我就是戒不掉多巴胺，又该怎么办哪？

心理学家会说：你要全心全意地接纳你自己啊！

可你会问：但我就是嫌弃我自己，是不是无解啦？

哲学家会说：你要找到人生的意义，去做有意义的事情啊！

但你还是会问：可我就是找不到人生的意义，又该怎么办呢？

难道这些人都说错了吗？当然不是！

但为什么我们总是听的时候豁然开朗，当场顿悟，没过多久，却又被现实打回原形了呢？

因为你磨炼大脑的方法，需要调整！

就像人的肌肉经过锻炼才能强化一样，一颗充满能量的大脑，也需要不同的思维锻炼才能获得。在这个过程中，神经元之间的突触会重新生长和连接，合成新的蛋白质，而这是实实在在会发生变化的。

心灵鸡汤和人生宝典没有办法内化成你认识世界的方法和解决问题的模式，这些智慧的获得，需要你对大脑的有效打磨——

这种打磨不仅是生物层面的，比如养护大脑的健康，保持大脑的活力，还包括认知层面的，比如成长型思维、积极思维、幸福思维的养成，以及如何规避思维陷阱。

那我们要怎么做呢?

在我的课程里，我们会从大脑的底层逻辑出发，梳理出和“幸福人生”有关的所有信息，找出能最快帮你解决问题的实用方法，让这些方法成为伴随你成长的“内功”。同时也把不同学科的智慧阶梯送到你的眼前，包括积极心理学、认知科学、生物学、脑科学、系统科学、社会学、哲学和语言学。

在这门课里，我将汲取它们的精华，只为你培养一颗持续快乐的大脑，使你拥有在任何情况下都能积极应对的心智。

最后，介绍一下我自己，我叫满堂，也是你们的 NOV 姐姐。在哔哩哔哩网站做 up 主的这些年，我常年致力于思维方式方面的内容输出，目的就是将“认知方法与行为模式”这个跨学科研究应用于日常困境的解决，比如我们会讲到——

我总是在内耗，要怎么停下来？

我的注意力很难集中怎么办？

怎么把焦虑的陀螺给摁住？

痛苦的来源是人际关系？

如何大胆地说“不”？

怎样才能拥有松弛又稳定的爱？

怎样快乐不纠结地过好当下？

如何赢得快乐生活的底气？

如何拥有强大的内心？

最后我想说，本课程围绕的话题，似乎最后都直接指向“幸福”，但要诚实地讲：我没法教你幸福，任何一种幸福说教，终点都是心灵鸡汤。我只能给你工具，让你自己去披荆斩棘。如果你想在明白生活的真相以后，依然热爱生活，那么我期待与你在书中对话！

# 怎么“吃”书更美味？

## ——作者推荐的食用方法

我们都知道，就在 2022 年 11 月，ChatGPT 横空出世，激荡起一波技术狂欢，但大家不知道的是，在 GPT 大火的背后，有一门学科基本上被判了死刑。

这门叫 NLP（Natural Language Processing，自然语言处理）的学科也在探索人工智能，但用的方法是让机器去理解人的语言。但结果你已经知道了，GPT 只靠暴力破解就解决了所有问题，这一次弯道超车，让 NLP 的研究者们措手不及，所有相关论坛哀鸿遍野，这可是多少人研究了半辈子的学问啊！

但这就是我们世界的现状，它没有铁饭碗，没有不变的东西。有的事业，可能努力到半程就崩塌了；有的项目，可能还没开启就夭折了。我们一直觉得是正确答案的东西，很有可能一直是错的；我们觉得不能改变的目标，可能第二天就被“打脸”了。

这样的世界给我们的心智带来了前所未有的考验，更不要说我们眼前还有很多东西正拖着我们的后腿：

准备了很久的考试最后挂科了……

谈了很久的对象突然说分手了……

总是摆脱不了的 PUA[1] 又来了……

没有我努力的人偏偏又过得比我好……

要应对这一切，都需要一颗能面向未来的大脑，而它至少有以下四个特点。

第一，生理上健康、高效。而这，就涉及本书的第一章：硬件脑。这是一本我们大脑的使用说明书。

我们将从大脑的生理特性出发，总结出拥有一颗快乐大脑的硬件条件和养护方法。

1　全称“Pick-up　Artist”，即搭讪艺术家，该词诞生于 20 世纪 70 年代的美国，最初是指男性通过系统化学习和实践，提升与异性交往的社交技巧和行为，现演化出对他人进行精神控制和情感操纵行为的含义。

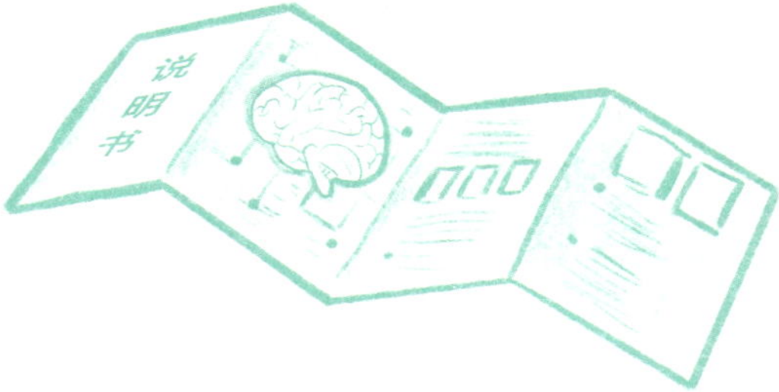


为什么它要被摆在首位呢？因为“工欲善其事，必先利其器”，在硬件上下功夫，是能最快达到效果的，而它也将是我们后面内容的基础。

第二，精神上快乐、宁静。就是大脑能够保持平静愉悦，遇到外界刺激的时候，也能快速回到正常的思考状态。相反呢，就是大脑容易被情绪牵着鼻子走，遇到事情就焦躁不安，经历挫折就要低落很久。

而这就涉及本书的第二章：快乐脑。从心理层面出发，为我们自己打造一个思维工具箱。

这时我们将回答：

焦虑是如何一步一步毁掉我们的？

恋爱容易相处难怎么办？

如何获得松弛的人际关系？

怎样获得自洽？

……

第三，可塑性要强。在前面的故事中，你会发现即使是顶尖的科学家和探索者，也不见得能平静地面对突如其来的变故，这是很多人都缺少的一课，而这个话题就涉及我们的第三章：成长脑。

不知道你有没有被问过这样一个问题：假如让你选一种超能力，你想获得什么？飞行？读心？瞬间移动？如果你的答案是“我要选一种能学会所有超能力的能力”，那么恭喜你，选对了！

不论是生存、情感，还是自我实现，都需要一个内源性的发动机——终身成长。但这恰恰不是靠人们常说的“努力，奋斗，打鸡血”就能获得的，我们反而需要知道：

**我很颓废的时候要怎么办？**

**怎样用一些巧劲儿获得成功？**

**面对重大失败的时候该如何重启？**

我们需要一些真正的思维技巧，来帮我们绕开弯路。

第四，具备思辨力。在完成了上面的磨炼以后，我们也将进入“深水区”——我们的第四章：思辨脑。

这是一块思维的磨刀石，我们将会讨论为什么现在越来越多的人没有了意义感；如何面对这个祛魅了的、没有正确答案的世界；如何准备好充足的能量，去创造自己的故事。在这一站，我将找来古代先哲和后现代思想家与你一起进行思维碰撞。

那如果你说，我现在的问题非常紧急，没有时间一章一章地阅读，怎么办？

没关系，书本来就是用来给你“破”的，读书本就是六经注我，又不是我注六经。我给你准备了快速阅读的方法：

急中急：只看第一章
想改变：看完前三章
求思辨：看完第四章

修炼：在每一课的最后，都有具体的修炼指南，请每一项都坚持执行至少一周，你会看到神奇的改变。

感知：我会给你一些关键词，当你围绕这些关键词进行探索的时候，可以获得更多的新知，满足你更多的好奇。

# 目录

## 第一章 硬件脑

**快乐灵活的大脑，需要一本使用说明书**

## 第二章 快乐脑

**从心理层面出发，为我们自己打造一个思维工具箱**



## 第三章 成长脑

快乐内源性的发动机

## 第四章 思辨脑

一块思维的磨刀石

第一章

# 硬件脑

快乐灵活的大脑，
需要一本使用说明书

# 伤害

## 没有一颗大脑能被你持续伤害还快乐得起来

我们人类的大脑已经演化几百万年了，但很遗憾，它的实际性能和石器时代相比几乎没有什么改善。在历史的长河里，它的大部分工作，只是指挥我们的身体在野外躲躲藏藏，跑跑跳跳。真正要用它思考复杂问题，只是近一百年的新鲜事儿。

想象一下，一个石器时代的狩猎者突然被扔到股票交易中心，会有多迷茫，多无助？而我们现在所经历的痛苦，很多都源于这种错配性困扰。

不过好在大脑的潜能也是巨大的，原始人用来识别动物花草、区分物体大小的脑区，比如视觉皮质（Visual Cortex）、颞叶（Temporal Lobe），今天的人们用它们来做计算、编程和艺术创作。

在讲我们对大脑的伤害之前，我们得先明白它是如何运作的。那么，这个神秘的黑盒子到底是怎么工作的呢？

简单来说，大脑就是由两种“电子元件”和一堆“电线”组成的。

第一种元件就是我们的神经元，它们的形状有点像一棵树，有许多树枝和一根长长的树干。当然，这些树的形状变化多端，这就是我们的脑细胞有那么多种不同功能的原因。

第二种元件是神经胶质细胞（简称胶质细胞），它们就像胶水，把这些树都粘在一起。但是，这种胶水不仅仅有黏性，还有许多其他功能，比如提供营养、清理废物，甚至还能起到保护神经元的作用。

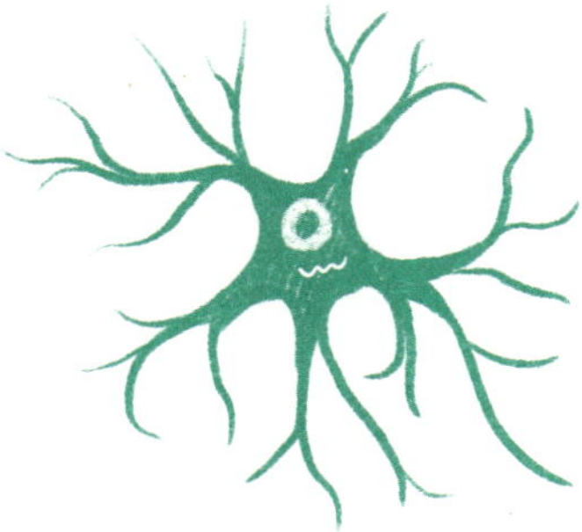

这两种元件想要工作的话，必须有能量才行，那怎么供能呢？得给它们插上“电”才行，这个“电线”就是血管。

我们的大脑虽然只占我们身体重量的 2%，却消耗了我们 20% 的能量，对新生儿来说，这个能耗高达 65%，所以他们只能一直睡觉。

而大脑的工作原理也很简单，就是通过神经元之间的电化学反应来传递信息。大脑是个“盲人”，它的世界就是一堆电信号的噼噼啪啪。

那么如果想保养好这个终身使用的精密仪器，我们该怎么做呢？记住三件事。

### 第一件：免伤

这是必须的，买个手机回来，你都会第一时间给它贴张膜，终身使用的大脑就更该如此了。

### 第二件：滋养

就是给大脑提供所需的营养，这就好像确保你的手机电池充满电，随时都能用。

### 第三件：挑战

挑战可以激发大脑产生更多的神经细胞，并帮助这些细胞建立更多、更持久的连接。这就像你在健身房锻炼，每次增加一点点重量，慢慢增大你的肌肉，只有这样，你才能真正发挥出大脑的潜力。

滋养和挑战我们将在后面的内容里展开，这里我们主要讲免伤，别把这个精密的仪器搞砸了。

我们的大脑有着全套保护装备：包括表皮、脂肪层、肌肉和坚硬的颅骨。尤其是颅骨，足足能承受 200 ~ 500 公斤的压力，就算是三个成年男子站在我们头上，我们的颅骨也是能扛住的！除此之外，还有三层脑膜，里面还有脑脊液，这些就像硬纸板箱里的三层泡沫垫。

不仅如此，身体还给大脑配了个专属保镖——血脑屏障，简称 BBB（Blood Brain Barrier），这家伙相当智能，会把血液里大多数不良分子挡在门外，这样病菌、毒素就只能望洋兴叹了。

但是，“机关算尽”，却有个问题：

大脑，或许是唯一没有痛觉受体的器官了。

对此，你可能会说：

——不会啊，我经常会“脑仁疼”啊！

其实疼的并不是大脑，而是我们头部的肌肉、神经和脑膜。大脑是不会疼的，因为它要负责接收和处理痛觉信号。你可以这样理解，它如果能自己感觉到疼痛，那就像用自己的手机拨打自己的电话号码。

但正因为大脑没有痛觉，很多对大脑的伤害我们并不会觉察出来，很有可能这时它已经受伤了。

接下来，我会把我们自己对大脑造成的伤害按照作死程度进行排序，如果有对号入座的，请赶紧放开那颗大脑！

## 大脑作死排行榜 NO.10 物理撞击

我知道你们现在在想，哎呀，我又不是撞墙专业户，哪有那么容易撞头啊？

是不容易撞，但我们也撞不起。

在颅骨一侧遭到暴力冲击时，大脑这块豆腐就会撞到外壳的另一侧，这一侧可是直接撞上去的。这种撞击伤害在体育运动中很常见，如果它们很严重或重复多次，就有可能带来一种叫 CTE（Chronic Traumatic Encephalopathy，慢性创伤性脑病）的退行性脑病。

根据一个统计，美国职业橄榄球联盟有 20% ~ 45% 的退役球员患有一定程度的慢性创伤性脑病，而且这种病在经常用头顶球的运动员身上也相当常见。他们中很多人在退役后都出现了精神和神经系统方面的疾病，例如阿尔茨海默病和抑郁症。

如果你问，我不喜欢橄榄球，足球也只用脚踢，从来不用头顶，是不是就能安心了？那我还要提醒你，开车系好安全带，骑车戴上安全头盔。这样做能让我们在交通事故中受重伤的概率降低 50%，死亡的概率降低 45%。

## 大脑作死排行榜 NO.9 重金属接触

这类伤害防治手段有限，而且伤害不可逆的程度极高。重金属如铅、汞和镉等对大脑的损害都是极其严重的。老旧的房屋可能涂有铅基油漆。铅管道、铅焊接的水管或者铅含量高的水源都可能导致饮用水被铅污染。部分海洋鱼类和贝壳类生物，尤其是生物链顶端的如金枪鱼、鲨鱼，体内可能积累了较高的汞。而粮食和叶菜是人体接触镉的主要途径，因为这些植物可能从镉污染的土壤中吸收镉。

对我们来说，除了让自己平时多长个心眼儿，还可以通过摄入一些富含维生素 B 或维生素 E 的食物来预防。

## 大脑作死排行榜 NO.8 空气污染

尤其是 PM2.5。有人可能会说，它不是只影响肺吗？

不，它对大脑的影响更大！

这主要是因为 PM2.5 直径实在太小，很容易穿过我们的呼吸道和毛细血管，无视血脑屏障，直接传输到大脑。大量研究都证明 PM2.5 会损害大脑的白质和灰质，这类微粒一旦进入大脑就难以被清除，在大脑停留的时间会比在其他器官长得多。对于这一点，很多人喜欢用养绿植的方式来预防，但很多人不知道，绿植对空气的净化作用的研究是在太空环境下做的，那是个封闭环境，和我们正常居家的情况大不一样，所以目前已知最好的方法还是勤看空气指数，雾霾天戴好口罩。

## 大脑作死排行榜 NO.7 三高

几乎所有对血管的伤害都会影响大脑，比如三高——高血压、高血糖、高血脂。高血压如果不控制，就好比往自己大脑里装了一颗定时炸弹，这是非常危险的。一旦大脑中的血管堵塞，就容易导致脑中风。

## 大脑作死排行榜 NO.6 打呼噜

打呼噜还要重视吗？

太需要了！

有一个词你可能不熟悉，叫“睡眠呼吸暂停综合征”（Sleep Apnea Syndrome，SAS）。症状就是睡觉时打呼噜的间隙，呼吸会暂停。这个病对大脑的伤害非常大，因为呼吸暂停的时候，大脑实际处于缺氧状态。而这个缺氧状态，会让大脑的认知功能、反应速度、注意力、记忆力加速下降。还有很多研究表明，抑郁症和焦虑症也与它双向关联，所以如果长期打呼噜，建议去医院寻求专业帮助。

## 大脑作死排行榜 NO.5 成瘾行为

很多人都知道烟酒对大脑有害，烟草中的一氧化碳会与血红蛋白结合，形成碳氧血红蛋白，使红细胞失去携带氧气的能力，导致大脑缺氧。酒精可以导致神经细胞的死亡，损害大脑的功能，长期饮酒者的记忆力比正常人低 20% ~ 24%。但即使如此，烟酒仍然在残害着人们的大脑，为什么？因为成瘾！如果你长期沉迷游戏，也是同样的原理，现实生活无法像游戏那样给你带来高频的多巴胺释放，如果你停下就感到非常不舒服，就说明这些成瘾物质已经在某种程度上利用了大脑的奖赏回路，劫持了你的大脑，让大脑反复地去做某些事。

这类伤害，就像你给自己装了一个高音喇叭，天天在那儿响，如果你按喇叭的按钮，就能让声音暂停，久而久之你就觉得，我真是离不开这按钮啊，其实是自己给自己找事儿呢。所以，如果你想拥有一颗强大的大脑，就得夺回对它的控制权。

## 大脑作死排行榜 NO.4 缺乏运动

长期缺乏运动也会损害大脑，特别是久坐，久坐一小时相当于抽了 2 支烟，折寿 22 分钟，而适当运动可以提高大脑的血流量，促进新的神经细胞产生，提高记忆力和认知能力。研究发现，经常运动的人比不运动的人记忆力高 10% ~ 20%。所以，让我们一起跳起来，跑起来，动起来！

## 大脑作死排行榜 NO.3 甜蜜陷阱

在长达几百万年的人类历史中，自然界中除了蜂蜜，我们几乎吃不到甜的东西，过去的水果也都不如现在的甜，因为没有经过人工培育，但现在甜味来得太容易了。我们现在的糖分摄入大大超过了我们的祖先，而大量糖分是大脑的毒药，因为它可能导致大脑出现炎性反应，还会影响大脑的学习和记忆能力。一项研究发现，长期高糖饮食能导致学习和记忆能力下降。而炎性反应和抑郁症也有很大的关联性（炎症因子可以影响大脑的功能，长期的慢性炎症会对大脑造成慢性压力，并导致情绪和行为的变化。这些因素共同作用，可能会引发或加重抑郁症状），所以下次再看到甜品，不要以为它只会让你开心。

## 大脑作死排行榜 NO.2 持续压力

长期处于高压力状态下会严重损害大脑，根据当前的科学理解，这个损害包括降低脑容量和杀死脑细胞。

那脑细胞是怎么被杀死的呢？这源自我们的身体机制，当大脑感受到压力时，你的身体会释放肾上腺素到血液中，给大脑“战斗或者逃跑”的能量。

像不像《守望先锋》中安娜的激素枪？

但这样的大招大概只能持续 1 分钟，因为持续太久我们就坏了，当我们持续感受压力的时候，大脑就会使出“撒手锏”。肾上腺会频繁地分泌皮质醇等激素，激素会直接作用于海马体。这些激素，本来是有助于我们学习和记忆的，可是一旦水平过高，就会反过来杀死海马体中的脑细胞，阻碍记忆和学习。

那脑容量又是怎么被降低的呢？

因为压力或抑郁会激活被称为 GATA1 的转录因子，它是一种调节控制神经突触连接的基因，当形成的突触连接较少时，脑容量自然会降低，认知受损、情绪障碍也就随之而来了。

当然，压力这个东西，不是我们来一句“放下包袱，享受生活”就会瞬间消失的，应对长期压力是我们现代人的必修课，这的确需要一些技巧和方法，这也是我写这本书的初衷之一。

## 大脑作死排行榜 NO.1 不眠之夜

熬夜，也许是最常见却也是最难避免的一种损害大脑的行为了。中国医师协会发布的《中国 90 后年轻人睡眠指数研究》指出，六成以上 90 后觉得睡眠时间不足。这是个很糟糕的事情，长期熬夜会导致记忆力下降，思维速度变慢，甚至增加患阿尔茨海默病的风险。一项长期的睡眠研究发现，熬夜者的认知能力比正常睡眠者低 15%。

而且不要指望在周末睡懒觉能偿还一周欠下的睡眠债——很多研究都指出：睡眠不是信用卡，被剥夺的睡眠无法补偿。特别是，如果你在工作日睡眠不足和周末补觉两种行为间反复横跳，反复打乱自己生物钟的话，你的补觉可能啥用都没有。

以上就是作死排行榜 1 ～ 10，但我还没说完。

这里，我还需要补充一个值得注意的特殊情况，就是“发炎的大脑”。

## 发炎的大脑

传统医学认为，人的免疫系统和人的大脑是两个完全独立的系统。身体有炎症，怎么可能会影响大脑呢？但是这几年关于大脑的最新研究完全改写了教科书：以前书上说，大脑是全身唯一不受免疫系统影响的器官，因为有血脑屏障，免疫细胞进不来。但其实我们大脑中是自带“免疫细胞”的，它就是小胶质细胞，它就是免疫细胞的大脑专用版。

平时，它们作为“天使”维护大脑环境；当接收到来自身体的炎症信号时，它们就变成了“刺客”，释放细胞因子准备战斗，而细胞因子同时也会破坏无辜的神经细胞，抑郁情绪也会由此产生。因此，炎症、抑郁和压力常常形成恶性循环，我们叫它“致命铁三角”。

这些研究给了我们两个启示。

第一，要重视身体的炎症，因为它和大脑是否快乐是有关联的。

第二，如果你的情绪问题用传统方法无法解决，那么可以试着从身体的慢性炎症方面寻找新的思路。

最后让我们做一件事，认真检查一下自己身上是否存在上面这些伤害大脑的情况，并把它们一一排除在我们的生活之外。这时，我们可能会发现，有些项目很容易做到，比如骑车戴头盔，但有一些却很难，比如戒烟和不熬夜。这就需要我们引入一些行为设计的工具了，而这也将是我们后面章节的内容。还有一些则需要更多的思维训练，比如应对长期的压力。但请不要着急，觉知到这些伤害，已经是我们改变的第一步了。

- [ ] 物理撞击
- [ ] 重金属接触
- [ ] 空气污染
- [ ] 三高
- [ ] 打呼噜
- [ ] 成瘾行为
- [ ] 缺乏运动
- [ ] 甜蜜陷阱
- [ ] 持续压力
- [ ] 不眠之夜

# 参考文献


[1] 宋玉婷，雷泞菲．我国土壤镉污染的现状及修复措施 [J]. 西昌学院学报（自然科学版），2018, 32 (03): 79-83. DOI:10.16104/j.issn.1673-1891.2018.03.018.

[2] Meo, S., Almutairi, F. J., Abukhalaf, A. A., & Usmani, A. M. (2021). "Impact of Green Space Environment on Air Pollutants PM2.5, PM10, CO, and O3, and the Incidence and Mortality of SARS-CoV-2 in High and Low Green Space Countries." *International Journal of Environmental Research and Public Health*, 18(24), 13151.

[3] Nadar, M., Hasan, A., & Alsaleh, M. (2021). "Negative Impact of Long-Term Smoking on Neuropsychological Function in Adults: A Cross-Sectional Study." *BMC Public Health*, 21, 1305.

[4] Kim, H., Thomas, R. J., Yun, C. H., Au, R., Lee, S. K., Lee, S., ... & Shin, C. (2020). "Association of Sleep-Disordered Breathing with Cognitive Function and Risk of Cognitive Impairment: A Systematic Review and Meta-Analysis." *JAMA Neurology*, 77(10), 1275-1284. DOI:10.1001/jamaneurol.2020.1954.

[5] Leng, Y., McEvoy, C. T., Allen, I. E., & Yaffe, K. (2017). "Association of Sleep-Disordered Breathing with Cognitive Function and Risk of Cognitive Impairment: A Systematic Review and Meta-Analysis." *JAMA Neurology*, 74(10), 1237-1245. DOI:10.1001/jamaneurol.2017.2180.

[6] Yaffe, K., Laffan, A. M., Harrison, S. L., Redline, S., Spira, A. P., Ensrud, K. E., ... & Stone, K. L. (2011). "Sleep-Disordered Breathing, Hypoxia, and Risk of Mild Cognitive Impairment and Dementia in Older Women." *JAMA*, 306(6), 613-619. DOI:10.1001/jama.2011.1111.

[7] Pan, M.-L., Tsao, H.-M., Hsu, C.-C., Wu, K.-M., Hsu, T.-S., Wu, Y.-T., & Hu, G.-C. (2016). "Bidirectional Association Between Obstructive Sleep Apnea and Depression: A Population-Based Longitudinal Study." *Medicine*, 95(37), e4833. DOI:10.1097/MD.0000000000004833.

[8] Fang, H., Tu, S., Sheng, J., & Shao, A. (2019). "Depression in Sleep Disturbance: A Review on a Bidirectional Relationship, Mechanisms, and Treatment." *Journal of Cellular and Molecular Medicine*, 23(4), 2324-2332. DOI:10.1111/jcmm.14170.

[9] Suni, E., & Dimitriu, A. (2023). "Mental Health and Sleep." *Sleep Foundation*. Retrieved from https://www.sleepfoundation.org/mental-health.

[10] Bernardin, F., Maheut-Bosser, A., & Paille, F. (2014). "Cognitive Impairment in Alcohol-Dependent Patients." *Frontiers in Psychiatry*, 5, 78.

[11] Volkow, N., Wang, G.-J., Fowler, J., Tomasi, D., Telang, F., & Baler, R. (2010). "Addiction: Decreased Reward Sensitivity and Increased Expectation Sensitivity Conspire to Overwhelm the Brain's Control Circuitry."

# 睡眠

## 清醒是一种低水平的脑损伤

有这样一个男人，在短短一个晚上以后，他的某方面能力老了足足 10 岁，请问这个晚上，他做了什么？

有这样一个女人，在短短一个晚上以后，她的卵巢功能有明显的下降，请问这个晚上，她又做了什么？

一个普通人，经历了一个晚上以后，他脑中的 β－淀粉样蛋白（注意，这玩意儿被认为是阿尔茨海默病的元凶之一，又名脑细胞的橡皮擦）含量上升近 40%，请问这个晚上，他经历了什么？

熬夜前

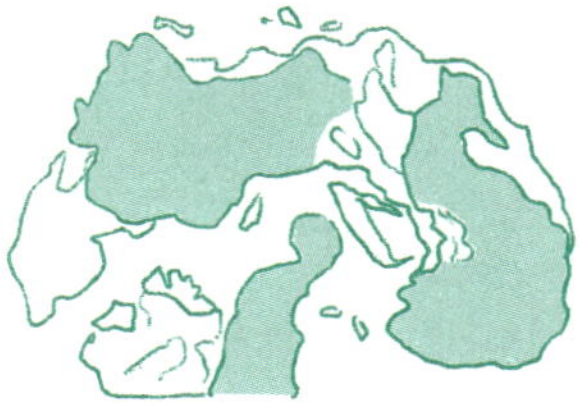

熬夜后

答案是：他们只睡了 4 个小时。

这不是什么恐怖小电影，以上数据都来自真实的科学实验。事实是，尽管活了那么多年，很多人仍然不懂得怎么科学地睡觉。睡眠占据人生 1/3 的时间，只要把这 1/3 的时间安顿好了，人生 2/3 的时间就能发挥出加倍的效能。

会不会睡觉，决定了一个人将走向哪种不同的人生。

这时，有人会说：

NOV 姐姐，你不是要讲快乐的大脑吗，怎么还不赶紧跳到思维方式、心理学、注意力这些内容上呢？我就从来没有见过一种讲法，是要把睡眠提到那么前面的。

没错，正是为了这颗终身快乐的大脑，我们才把睡眠提到那么前面！

因为清醒，就是低水平的脑损伤。

睡眠是大自然母亲送给我们返老还童的密码，也是让我们的大脑终身快乐、保持年轻的钥匙，当我们的大脑经历了整个白天，脑内会产生大量垃圾：β－淀粉样蛋白、Tau 蛋白、游离基团、脂质过氧化物、废弃细胞残骸、细胞因子和炎症介质……

而大自然母亲，就只有在我们睡觉时，才能为我们的大脑沐浴。

俗称：脑子进水。

没错，就是脑子进水，2013 年美国著名的《科学》杂志发表了一篇文章，科学家们发现睡眠的时候，哺乳动物的脑脊液会进入大脑，清洗大脑细胞。当时人们认为大脑里面没有淋巴管道，所以脑细胞工作时产生的废物平时很难排出去。这个研究发现，小鼠在睡眠的时候，大脑的很多细胞之间会发生间隔，让脑脊液进入大脑，清洗脑细胞，把白天工作产生的废物都带出来。

之后在 2015 年，弗吉尼亚大学的神经学家乔纳森 · 基普尼斯（Jonathan Kipnis）团队发现了大脑被淋巴管包围的事实，颠覆了几十年来教科书中关于“大脑没有淋巴管”的旧概念。这一发现表明，大脑不仅依赖脑脊液进行废物清除，还利用淋巴系统帮助排出废物。

最新的研究进一步深化了我们对大脑清洗过程的理解，特别是脑脊液在睡眠期间的作用。脑脊液在睡眠期间通过神经元产生的节律性波动流经大脑，清除代谢废物。

这两个发现共同描绘了一幅更全面的图景，即大脑如何通过多种途径（包括脑脊液和淋巴系统）在不同状态下（如睡眠）进行废物清除。

这时有人会说：

好了姐姐，我知道睡觉很重要，我会好好睡觉的，我们可以开始下一讲了吗?

等等！你说的好好睡觉，是怎么睡觉呢？中国睡眠学会的调查数字显示，我国有超过 3 亿人有睡眠障碍。中国医师协会发布的《2018 年中国 90 后年轻人睡眠指数研究》显示，六成以上 90 后觉得睡眠时间不足。

自从人类进入工业化时代，开始用时钟而不是自然节律来指导作息，睡眠不足就成了一种全球蔓延的脑病，而且愈演愈烈。“晚上睡着”可不等于“好好睡觉”，这一节我们将从几大误解出发，颠覆你以往的认知，并告诉你怎么睡才能获得青春的密码。

## 其实很多人都“不会”睡觉

不知道你是不是在上班或者上学，如果是的话，你的一周是不是这样度过的？

无精打采地起床，差点坐着就睡着的样子。

星期一，闹钟指向 7：00

——我今天晚上一定要早点睡！

无精打采地起床，抓狂捂脸的样子。

星期二，闹钟指向 7：00

——说好早点睡的呢！今天晚上一定要早点睡！

精神好一点的样子。

星期三，闹钟指向 7：00

——啊，终于好一点了，今天也别太晚睡！

一口气起床，感觉精神不错！

星期四，闹钟指向 7：00

——对了！就是这个节奏！

一口气起床，感觉精神不错，心情大好！

星期五，闹钟指向 7：00

——哦！今天可以开心咯！

慢慢醒来，感受美好的一天。

星期六，闹钟指向 10：00

——嗯，自然醒的感觉真好！

醒来，看闹钟，笑笑。

星期天，闹钟指向 11：00

——哈哈，不知不觉睡那么晚了。

拍闹钟——7：00 痛苦捂脸。

星期一，闹钟指向 7：00

——我今天晚上一定要早点睡！

你是不是听过一种说法？

——平时如果睡得少的话，周末补个觉就会好的。

或者你是不是也被人这么劝过？

——早睡早起身体好，晚睡晚起伤身体，你一定要把你的作息调整到跟我们正常人一样才行啊。

然后你是不是也会这么想？

——啊啊！看来我是要调整一下了，明天就给自己定个闹钟，7 点起来吧！

以上都大错特错！而这个误区，正是睡眠最大的敌人：乱节律。

## 睡眠误区 1 乱节律

好的睡眠，如果只能有一条守则，那就是：节律！节律！还是节律！

首先，从睡眠的角度，我们人类分为百灵鸟和猫头鹰两种类型，百灵鸟可能是勤劳的农夫，而猫头鹰可能是机敏的猎人。

目前并没有医学证据显示早睡早起和晚睡晚起对身体的影响有什么差别，所以不管你是百灵鸟，还是猫头鹰，都不要轻易乱改自己的睡眠节律。你反而需要问自己这样一个问题：我

是不是每天都在同一个时间醒来？如果答案是肯定的，那你就已经打赢了睡眠的第一仗了。

而那种周一到周五睡不够，周六、周日睡懒觉的节律为什么对人极其有害呢？

因为它给我们造成了 3 个小时左右的节律差，节律每被打乱一次，身体都要花费大量的资源才能进行修复。多项研究都指出，如果你在睡眠不足和补觉两种行为间反复横跳，反复打乱自己生物钟的话，你只是在持续掏空自己宝贵的能量资源。

## 睡眠误区 2　8 小时睡眠

你是不是听人这么说过：

——哎，我今天没有睡够 8 小时，肯定是睡眠不足。

——什么？！你今天睡了 10 个小时？！浪费时间啊，每个人每天睡 8 小时就够啦！

错！

8 小时睡眠铁律，是对睡眠的大大误解。

8 小时是我们人类每晚睡眠时长的平均数，但平均数并不是及格线，就像我们前面说的百灵鸟和猫头鹰一样，睡眠的时间长短，也是因人而异的。判定一个人睡得好不好，不是看他睡几个小时，而是看他这一天是不是有好的精神状态。

这时有人会问：

——既然 8 小时不对，那几小时才对呢？

要回答这个问题，我们得先深度拆解人的睡眠。过去，对人的睡眠阶段有好多不同的解读：浅睡眠、深睡眠、梦睡眠，起承转合，但其实我们只要把睡眠分成“快速眼动睡眠”（Rapid Eye Movement，REM）和“非快速眼动睡眠”（Non-rapid Eye Movement，NREM）就够了。

“快速眼动睡眠”一般就在我们做梦的时候，这时候我们的视觉神经能感受到真实发生的影像，眼睛也会随之而转动，仿佛真的看到了东西。它是大脑的一个神奇过程，它会把你脑中的信息进行遥远的连接，这就是为什么很多名人的发现或发明灵感都在梦中出现。达利曾经在睡觉时手拿画笔，当迷迷糊糊睡觉时，画笔落下，把他惊醒了，他就迅速将脑中的画面记录在纸上，他的很多作品都是这么产生的。

而在“非快速眼动睡眠”时，大脑会产生睡眠纺锤波。此时，它正在将你的脆弱的短期记忆搬运到长期记忆中储存起来。

纺锤波

而“快速眼动睡眠”和“非快速眼动睡眠”加起来，才是我们的一个完整的睡眠周期，这个周期一般是 90 分钟。所以，想知道自己睡几个小时才对，你就得检测自己的睡眠一段时间，试着在不做干预的情况下，记下自己每天能睡几个小时。而很有意思的是，这个时间正好是 90 分钟的倍数，有些人是 5 个 90 分钟，有些人可能是 6 个。请问，你是几个呢？

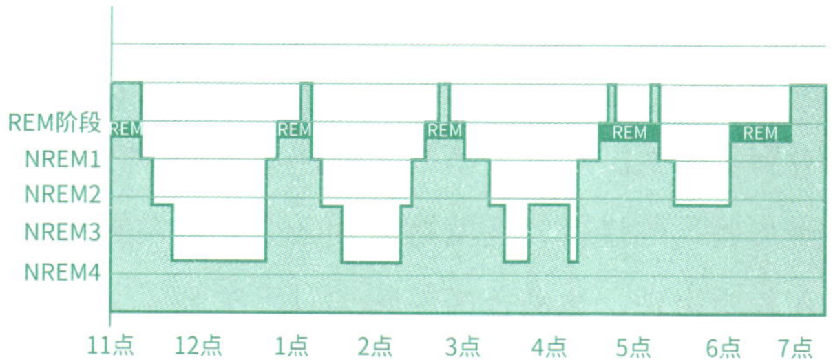


而你也会神奇地发现，当你正好在 90 分钟和 90 分钟的节点中间醒来时，即使睡得不太够，也不会觉得特别难受；但如果你是在 90 分钟的中间被打断，那可痛苦得要命——而这，就是 R90 睡眠法的由来。

这也同时回答了很多人的起夜难题：

——如果我半夜醒过来了怎么办？是不是我这一晚上的睡眠非常糟糕？

并不是。半夜醒来如果能继续睡，当然很好；如果不能，发现睡不着了，千万别躺着看手机，因为这会让你的大脑把床和与睡眠无关的东西联系在一起，也不要吃东西，这会让大脑进入早餐阶段。你要做的是赶紧换一个环境，比如去沙发上坐着或者去隔壁房间，保持灯光的昏暗，可以听听音乐或者广播，等有困意了，再回去睡觉。

就像你不会坐在餐桌前等着饿，你也不用躺在床上等着困。大脑很容易受“环境力场”的影响，你要把床这个环境始终和睡眠联系在一块，不睡觉的时候，千万别上床。

## 睡眠误区 3 小小牺牲，无伤大雅

不知道你是不是有过通宵复习，冲刺考试的经历呢？

——人生难得几回搏，此时不搏，何时再搏？

或者碰到项目赶工，不做不行。

——今天咱们通宵！不做好坚决不睡觉！

是不是热血的感觉又回来了？然而，科学家为了验证这么做是不是真的有效果，特地做了一个实验：

他们找来了 2 组健康的大学生，一组睡足 8 小时，另一组则没有睡觉，第二天，让他们学习一些新的知识，同时用核磁共振扫描他们的大脑活动情况，结果是，没睡觉的那一组学习记忆力降低了整整 40%。40% 啊，这可是 100 分和及格线的差距。那这种学习障碍是怎么造成的呢？

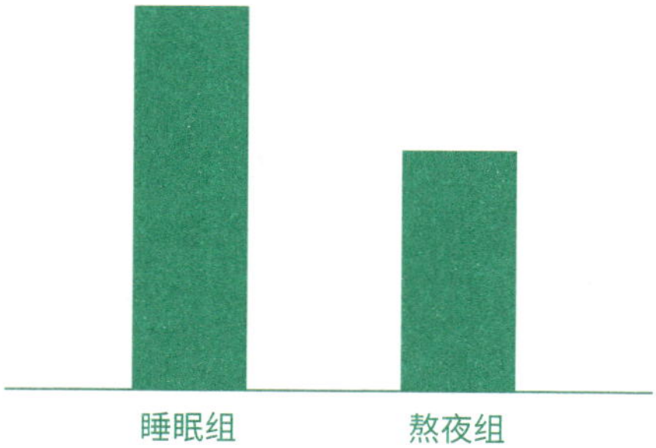


在你大脑的左、右两侧有结构叫海马体，你可以把海马体想象成大脑的信息收件箱，它非常擅长接收新的信息并保存它们。充足的睡眠，可以让你的海马体变得像一块干的海绵，随时准备好吸收新知识；但没睡觉的海马体，就像是已经吸饱了水的海绵，变得油盐不进。

准备好吸收新知识的大脑是块干海绵

没睡够的大脑油盐不进

如果你有过通宵学习或者工作的经历，就会发现新知识、新信息好像被反弹了一样，怎么吸也吸不进去。正如之前的实验中，核磁共振在那些通宵不睡的大学生的脑中扫描不到任何明显的与学习相关的大脑信号。

这时，可能有人会进一步追问，为什么睡一觉，脑子就会变成干海绵了？睡眠到底对脑子干了什么？

通过睡眠时的脑电波监测实验，我们发现了秘密，就在深层睡眠阶段。这时的脑电波呈现出纺锤形波纹，我们称为睡眠纺锤波，这时的大脑电活动会有一场剧烈的爆发，但它不会带给你任何梦境。相反，这一声声的敲击，就像是用一个大锤子，随着纺锤波的节奏，将白天学到的内容，一字一句地，凿刻在你的深层记忆当中。这就是为什么我们只有晚上睡好了，白天才能学好，因为我们需要一块干海绵，而学好了，这天晚上还要再睡好，才能把海绵里的知识放进深层记忆。一个完整的学习周期应该 = 睡眠 + 学习 + 睡眠。

完整的学习周期

睡眠 + 学习 + 睡眠

## 睡眠误区 4 失眠四骑士

失眠四骑士，你一定遇到过：

——来，晚上喝点小酒，可以助眠。（酒精在劝你）

——睡不着啊，要不吃点安眠药吧。（安眠药在劝你）

——没睡好的话，可以补个午觉。（午睡在劝你）

——今天工作强度挺大的，必须来一杯咖啡。（咖啡在劝你）

我这里的意思，并不是要在人生当中杜绝以上这四样东西，而是告诉你，怎样正确地使用这四样东西。

在说明问题之前，我得先正面科普一下如何才能睡个好觉，我们可以把白天的活动比作爬楼梯，晚上的睡眠比作滑滑梯。

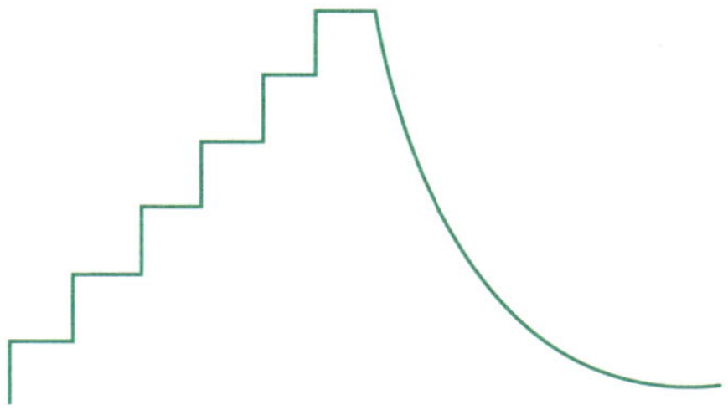

想要睡觉睡得好，这个楼梯一定要爬得高，那怎样才能爬得高呢？还记得我们前面说过，好的睡眠，如果只能有一条守则，那就是：节律！节律！还是节律！在我们还是原始人的时候，我们的节律是太阳控制的，而进入现代社会，夜晚的灯光和白天的格子间劳动，让我们远离了阳光的这个力量，节律也就因此变得一塌糊涂。所以这个爬楼梯的过程，就是让我们尽量多地去模拟原始人的白天经历，说白了就是：

运动 + 晒太阳

哪怕你是戴着墨镜和遮阳伞在白天出去走走，都是很好的。而相对地，晚上，特别是睡前，不要看手机和电脑，因为它们有蓝光，对你的节律来说，它会以为你还在大白天的阳光下漫步呢，你需要晚上提早调暗灯光，把看手机的催眠方法替换成听广播或者看书，远离蓝光。

总结一句话，就是：该亮的时候，够亮！该黑的时候，够黑！

但有两样东西，却会把我们拽下楼梯，其中之一就是咖啡因。咖啡为什么会让我们觉得有精神？因为它能阻止腺苷发挥作用。

腺苷又是什么东西？它是我们细胞代谢的一个副产品，堆积起来人体就会觉得困倦，它和阳光会共同发挥作用，让你爬楼梯。但是，由于咖啡因的存在，腺苷发挥不了作用，结果就骗过了身体，让身体以为好像还不困。等到咖啡因被人体代谢掉，腺苷仍然会发挥作用，人会觉得更困，因为这个时候体内已经积累了更多的腺苷。咖啡因的半衰期是 4 ~ 6 个小时。到入睡的时候，咖啡因还没有代谢完，你自然就睡不香了。

所以，如果咖啡戒不掉，那我的建议有两条：

1. 把喝的时间提前；

2. 替换成低因咖啡。

第二个把你拽下楼梯的，是午睡。我们前面讲了，人体会在白天积累腺苷，但午睡会自动清扫体内的腺苷，腺苷累积不够，楼梯自然也就上不去了。但如果我实在需要一个午睡，应该怎么睡呢？

注意两点：

1. 不要在床上睡，原因我说过，就是“环境力场”；

2. 不要超过 20 分钟，因为超过 20 分钟，你就会滑落到深睡眠阶段，这时候把你叫起来，你会非常难受，一个下午都毁掉了。而如果你睡足了一个 90 分钟呢？那虽然醒来不容易难受，但同时也等于把自己从刚爬上去的楼梯上拽下来半程，晚上这个下滑的动力自然就不够了。

这时又有人会送上“好办法”：酒精和安眠药。

这两种东西的作用，与其说是帮你睡眠，不如说是把你打晕。而在被打晕的状态下，你其实是很难完成完美的睡眠节律的。

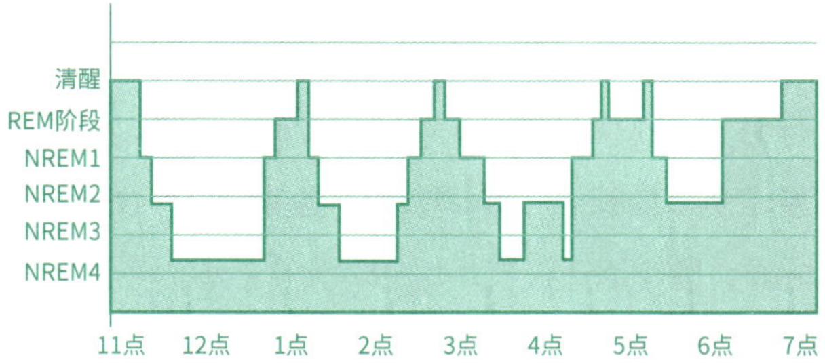


正常睡眠时的节律

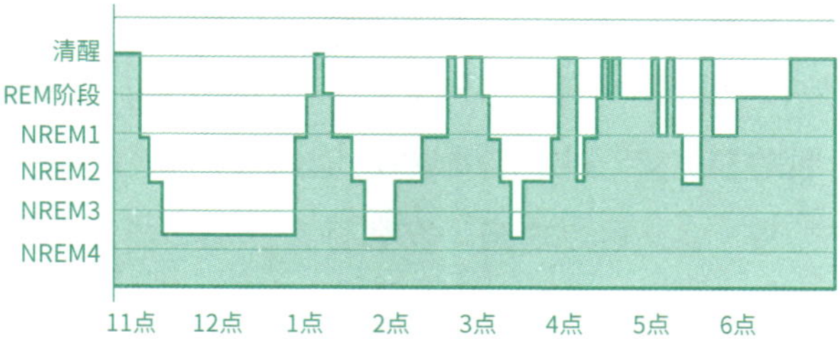


酒精催眠后的节律

从这两张图的对比中，我们可以明显看到，第二张图里的睡眠节律被撕裂得支离破碎。换言之，酒精会让人的睡眠质量大大下降。喝酒就好像有人在滑梯上推了你一把，让你从睡眠滑梯上加速冲下来，你觉得你迅速睡着了，很爽，但它却同时把滑梯抬了起来，让你没有办法进入深睡眠和快速眼动睡眠，使大脑和身体没有办法得到很好的恢复。

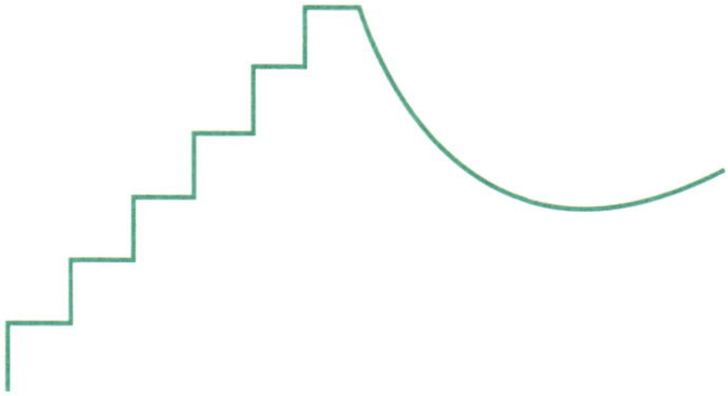

再说安眠药，许多人对安眠药有很大误解：

失眠是小事情，去医院也是给我配安眠药，我还不如自己买了吃呢！

这个想法非常危险，如果有长期困扰的睡眠问题，一定要去咨询专科医生，不要自己随便在药店买安眠药。因为，在药店买的安眠药属于 OTC（Over The Counter），就是非处方药。一般的非处方药类的安眠药，是抗组胺类的，就是抗过敏的这一类药。它之所以能当“安眠药”，其中一个原因是它有一个副作用——会让你觉得困。吃这个药来助眠，并不是因为它有多大的治疗作用，而是在利用它的副作用。

而当你真的去医院治疗，你会发现对于失眠来说，安眠药并不见得是治疗的首选。《中国失眠症诊断和治疗指南》建议，对于失眠和患有严重睡眠障碍的患者，首选的治疗方法是认知行为疗法，也就是我在这里给你讲的这些方法。和其他疾病的治疗不一样，吃药并不是治疗失眠的首选，而如果被医生诊断为需要吃药，那么用量和方法也一定要遵照专业医师的嘱托，这一点非常非常重要。

说完了睡眠误区和正确睡法，我们还要再提一个很多人都经历过的梦魇：报复性熬夜。

## 报复性熬夜

你可能有过这样的体会，有的时候白天特别忙，身心俱疲，按理来说，这么累，回家应该倒头就睡。但你会发现，回到家，不管多累，也不管熬到多晚，你也一定要再玩一会儿手机，或者打会儿游戏，导致熬到更晚，第二天早上起不来，简直是一个恶性循环。

这种现象就叫作“心理性晚睡”，又叫报复性熬夜，遇到这种情况，请先不要急着攻击自己，这其实也是一种正常的自我防御机制：当你白天花了大量的时间在工作上，留给自己的时间就少得可怜。到了晚上，出于补偿心理，哪怕再晚，你都想享受一点属于自己的时间，来弥补这一天的缺憾。

所以这种防御机制有一定的好处，就是可以维持心理的平衡，但如果补偿过度或者方法不对，也会造成很糟糕的影响。

那怎么克服呢？我们可以做好两件事：

第一，在白天就给自己留一些放松、独处的时间。比如高强度工作一个小时后，歇 10 分钟，散散步，跟朋友聊聊天，吃一点小零食。这会让你在白天就获得放松，不会到晚上委屈得不行，要选择疯狂熬夜来弥补。

第二，在晚上设计一个行为，替换掉原先的行为，但同样给自己奖励，就是用行为设计学的方式，完成一个新的大脑回路。这个公式是这样的：

这是以前的你：

劳累—睡前刷手机—获得快乐奖励

一个脑回路完成。

现在我们把中间这个步骤换掉，仍然让回路成立。

比如：

劳累—约三五好友吃个饭—获得快乐奖励

一个脑回路完成。

或者：

劳累—躺在床上听相声—获得快乐奖励

一个脑回路完成。

关键和难点是，这个回路要能有效闭环，才是正确的设计。也就是说中间的这个“替换品”要真的能给你带来快乐奖励才行。

比如有的人是这么替换的：

劳累—躺在床上背单词—获得快乐奖励

这个替换品显然是难以带来快乐奖励的。

这里要提醒大家，这个行为设计学的公式，在之后的课程里会反复用到，请务必记住。

## 睡眠卡片

说了那么多，最后还是要实践，那么现在的任务，就是规划一周的时间，做一张睡眠卡片。

卡片的一半是白天，一半是黑夜，在白天记录下自己每天醒来的时间，在黑夜记录下自己每天睡着的时间（可以第二天再写上），一周后，得出结论：我需要几个睡眠周期，我每天会在几点醒来。同时，也记录下屋内的睡眠温度，你会发现，一般地，睡眠温度会在白天的舒适温度基础上低 1℃。室温 20℃ ~ 23℃是大多数人的睡眠温度，你也要有你的睡眠温度。

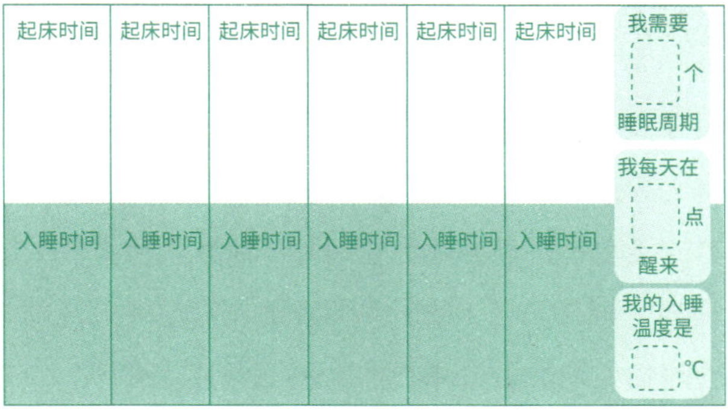


在卡片反面，白天提醒自己运动和晒太阳，如果你喝咖啡，把喝咖啡的最晚时间写下来，比如超过下午 2 点不喝。夜晚提醒自己把灯光提前调暗，准备一套睡眠仪式动作，比如热水澡 + 看书 + 写日记，也可以准备一个便利贴，把睡前那些担心和胡思乱想提前写到贴纸上，就好像一种发泄，让便利贴来承载你的焦虑，你呢，则清空大脑，安心睡觉。与此同时，打造“环境力场”，将睡眠区划分出来，不要放和你睡眠无关的东西，比如手机闹钟可以换成真的闹钟，而把手机放到房间外面去充电。

## 名词解释

1. β－淀粉样蛋白(Amyloid β-protein，Aβ)：这种蛋白质在阿尔茨海默病中被发现异常积累。一些研究表明，睡眠不足可能会导致大脑中 Aβ 的增加。

2. Tau 蛋白：这是另一种在阿尔茨海默病患者的大脑中积累的蛋白质。研究表明，长时间的睡眠剥夺或者打乱的睡眠周期可能会增加大脑中 Tau 蛋白的水平。

3. 游离基团（自由基）(Free Radical)：这些是代谢过程中产生的非常活跃的化学分子，它们可以损伤细胞并可能导致各种疾病，包括心脏病和癌症。抗氧化剂可以帮助清除游离基团。

4. 脂质过氧化物（Lipid Hydroperoxide)：这些是由游离基团攻击脂质（细胞膜的主要组成部分）产生的。它们可以进一步产生更多的自由基，引起一种被称为氧化应激的状况。

5. 废弃的细胞器和细胞残骸：当细胞死亡或受损时，它们的组成部分需要被清理出去。这些包括已经不能正常工作的线粒体（细胞的能源工厂）和蛋白质。

6. 细胞因子（Cytokines）和炎症介质：这些是免疫系统活动的副产品，它们在炎症和免疫反应中发挥作用。在某些疾病状态下，如自身免疫疾病下，这些物质可能会过度积累。

# 参考文献


[1] Pal, L., Bevilacqua, K., Zeitlian, G., Shu, J., & Santoro, N. (2008). "Impact of sleep disorders and inflammation on Alzheimer's disease dementia." *The Lancet Neurology*, 7(2), 241–251.

[2] Bao, A. M., Liu, R. Y., van Someren, E. J., Hofman, M. A., Cao, Y. X., & Zhou, J. N. (2003). "Diurnal rhythm of free estradiol during the menstrual cycle." *European Journal of Endocrinology*, 148(2), 227–232.

[3] Webber, L., Davies, M., Anderson, R., Bartlett, J., Braat, D., Cartwright, B., ... & Farquharson, R. (2016). "ESHRE Guideline: Management of women with premature ovarian insufficiency." *Human Reproduction*, 31(5), 926–937.

[4] Broekmans, F. J., Knauff, E. A., te Velde, E. R., Macklon, N. S., & Fauser, B. (2007). "Female reproductive ageing: current knowledge and future trends." *Trends in Endocrinology & Metabolism*, 18(2), 58–65.

[5] Titus, S., Li, F., Stobezki, R., Akula, K., Unsal, E., Jeong, K., ... & Seli, E. (2013). "Impairment of BRCA1–related DNA double–strand break repair leads to ovarian aging in mice and humans." *Science Translational Medicine*, 5(172), 172ra21–172ra21.

[6] Ju, Y. S., Ooms, S. J., Sutphen, C., Macauley, S. L., Zangrilli, M. A., Jerome, G., ... & Holtzman, D. M. (2017). "Slow wave sleep disruption increases cerebrospinal fluid amyloid–β levels." *Brain*, 140(8), 2104–2111.

[7] Shokri-Kojori, E., Wang, G. J., Wiers, C. E., Demiral, S. B., Guo, M., Kim, S. W., ... & Volkow, N. D. (2018). " β -Amyloid accumulation in the human brain after one night of sleep deprivation." *Proceedings of the National Academy of Sciences*, 115(17), 4483-4488.

[8] Reynolds, A. C., Paterson, J. L., Ferguson, S. A., Stanley, D., Wright, K. P., Jr., & Dawson, D. (2017). "Shift work and health: a priority research agenda for shift workers considering gut microbiome changes as a pathway linking shift work, sleep loss, circadian misalignment, and metabolic disease." *Sleep Medicine Reviews*, 34, 3-9.

[9] Miller, M. A., & Cappuccio, F. P. (2007). "Inflammation, sleep, obesity and cardiovascular disease." *Current Vascular Pharmacology*, 5(2), 93-102.

[10] Reynolds, A. C., & Banks, S. (2010). "Total sleep deprivation, chronic sleep restriction and sleep disruption." *Progress in Brain Research*, 185, 91-103.

[11] Voigt, R. M., Forsyth, C. B., Green, S. J., Mutlu, E., Engen, P., Vitaterna, M. H., ... & Keshavarzian, A. (2014). "Circadian disorganization alters gut microbiota." *PLoS One*, 9(5), e97500.

[12] Thaiss, C. A., Zeevi, D., Levy, M., Zilberman-Schapira, G., Suez, J., Tengeler, A. C., ... & Elinav, E. (2014). "Transkingdom control of microbiota diurnal oscillations promotes metabolic homeostasis." *Cell*, 159(3), 514-529.

# 养护

## 快乐大脑的硬件说明书

你知道“世界上最快乐的人”是谁吗？目前这个称号属于一位印度医生，他的名字叫买单，买单医生为什么会那么快乐呢？

因为他一直买单！

以上是开玩笑的，不是因为财富，也不是因为地位，他的秘密是一个字——“笑”。

这个故事发生在 1995 年，那一天，买单医生进行了一个实验，就是邀请一大群人在公园里一起大笑。最初，他们通过讲笑话的方式来笑，但哪有那么多笑话可以讲呀，他们又不是脱口秀演员，于是很快就没笑料了，但这时，神奇的事情发生了，他们发现，即使是假笑，就是这么哈哈哈，也可以带来真实的快乐，因为大脑无法区别你是真笑还是假笑啊，而笑的时候，大脑中释放的内啡肽可是真实的，而内啡肽就能让人感到快乐。他因此组建了“大笑俱乐部”天天帮人大笑。

这个故事给了我们一个好消息，那就是大脑的确是可以被干预的，即使是假笑也可以让它真的快乐起来，但同时也有一个坏消息，就是“大笑俱乐部”并不在我们身边，一个人在办公室里傻笑，还是太需要勇气了。

不过好在干预大脑，让它持续快乐，还是有许多科学方法的。现在，我们就继续修炼！

在前面的小节里我们提到，保养硬件脑要做好三件事：免伤、滋养和挑战。我们通过睡眠这个终极武器，把免伤说完了，现在就来说说滋养和挑战。

## 快乐大脑爱吃啥？

说到滋养，你一定会想到给大脑合适的营养，那大脑爱吃什么呢？就是糖和脂肪。

这时肯定有人说：

——现在不是都提倡低糖低脂吗？姐姐是想让我变成胖子吗？

——难道我不得不吃那种代糖食品吗？

其实代糖能不能让大脑快乐，目前学界还是有争议的，但好消息是，你完全可以摄入正常的糖，只要用对方法就行。

方法就是吃升糖指数低（低 GI）的食物。

什么是升糖指数呢？就是某种食物让我们体内血糖上升的速度和能力。也就是说，同样是吃一份，某一种食物能让血糖升得越快，那它的升糖指数就越高，反之就越低。

哪些食物的升糖指数低呢？简单说就是含纤维素的食物，比如绿叶蔬菜、粗粮、豆类。相反，我们常吃的主食白米、白面，以及含糖饮料、蜂蜜、糖果，升糖指数就非常高，它们能迅速刺激大脑的奖赏中心，但是短暂的高潮过后，随之而来的可能是血糖急剧下降，导致饿得快、情绪低落和疲劳。

再说脂肪，我们之前讲过，大脑工作的基本单元是神经元，神经元之间靠电化学反应来连接，如果把这种连接比作电线的话，你有没有想过，这个电线为什么不会串线呢？事实上，它们是会串线的，要保证它们不串线，就得在电线上包裹一层橡胶皮，这层橡胶皮就是髓鞘。

漫画版“髓鞘”

而髓鞘是由脂肪组成的，这就是为什么大脑爱脂肪。

那是不是就该吃肥肉了呢？

当然不是！髓鞘需要的油脂可不是肥肉里的油脂。肥肉里主要是饱和脂肪酸，但大脑需要的其实是不饱和脂肪酸，尤其是不饱和脂肪酸里的必需脂肪酸。

什么是必需脂肪酸呢？就是那些人体没法合成的，必须从食物中获取的脂肪酸。比如 ω-3 和 ω-6 没法由人体合成，只能从食物中摄取，根据世界卫生组织的建议，我们可以任选以下一种策略来获得足够的补充。

选择 1：每周至少吃两次深海鱼。

选择 2：增加坚果和种子的摄入。

选择 3：选择健康的烹饪油。

这时一定会有人说：

——但我现在很沮丧，我就是想要短暂的快乐，又不想要快乐后的副作用，有解吗？

还真有，我根据当前科学理解，为大家整理出了 5 样大脑快乐小零食，它们分别是：

**黑巧克力、坚果、鱼、蓝莓、香蕉**

以上都有文献支持，可以放心食用。

好，滋养说完了，我们开始说挑战。

## 快乐大脑爱运动

你是不是经常听人说一句话叫“头脑简单、四肢发达”？感觉好像四肢发达了头脑就会变简单似的，其实答案正好相反，不运动才真的会让你变傻。

这个原理要从单细胞生物开始说起，它们就像只会独舞的孩子，各自随心所欲。但多细胞生物就不一样了，它们就像一个舞蹈团，细胞之间需要配合，那就需要一个“喊口号的”了。这个“喊口号的”，就是我们的中枢神经系统。它首先协调了我们的“舞步”，后来更升级为一位全能导演，也就是我们的大脑。

请你想象一下，我们这些现代人的大脑，过去大部分时间都在忙着教我们“跳舞”。但突然之间，我们都改行了，大脑也不用再跑跑跳跳，专心思考就行了。面对这种剧烈的职业转变，大脑怎么能不手忙脚乱呢？

这时候，运动成了我们“骗”大脑的秘密武器。它能为大脑带来三大益处。

1. 超能补给站：运动的时候，大脑就像得到了一个超能补给站，充足的氧气和血液使大脑运转得更加顺畅。

2. 增肌秘籍：你在健身房锻炼可以长肌肉，而大脑也有自己的“增肌小帮手”，那就是脑源性神经营养因子。每次运动，都像是给大脑的神经元喂了增肌蛋白粉！

3. 高效传递者：运动的时候，神经递质就好比那些邮递员，吃了速效药，传递信息效率直线上升。

但这时你可能会吐槽：

——道理我都懂，但我没空动，现在忙成这样，我哪有时间啊？

这个问题问得好，这也是曾经困扰我很久的问题，怎样才能无痛运动呢？直到我发现NASA（National Aeronautics and Space Administration，美国国家航空航天局）居然也在为同样的问题困扰：

20世纪70年代，NASA开始派宇航员到太空执行任务，但很快发现了一个问题，就是宇航员回来以后，不仅肌肉萎缩，情绪和认知能力也下降了。

为什么？因为太空中没有重力，用不到肌肉。而且，太空中很孤单，睡眠也不规律，吃的也都是罐头食品，所以大脑状态急速下降。

于是NASA痛定思痛，找了一大群科学家去研究，什么样的运动最能帮助宇航员迅速恢复体力和脑力。这个运动必须效率够高，还要能随时开始。科学家们研究比较了很多的运动项目，包括跑步、游泳、滑雪等，终于发现了最佳答案，居然是——蹦床。

第一，它的运动效率特别高。在相同心率的情况下，它能比跑步让人多燃烧掉40%的热量。

第二，它能帮人疏通体内管道，比如淋巴管和消化管。这个很好理解，蹦跶的时候你就好像是一瓶摇晃的奶昔。

第三，在失重的情况下大脑的脑垂体会分泌内啡肽。它的作用类似于吗啡，会让你感到兴奋和愉悦。

## 快乐大脑爱学习

1996 年，一名叫泰勒的脑科学家，经历了一次突如其来的脑出血，这一年，她只有 37 岁。早上起床时，泰勒发现自己的手臂丧失了知觉，她很快意识到：我中风了。可是当她打电话求助时，发现电话机上的数字她一个也看不懂，只好通过匹配卡片上的数字和形状来拨打电话。经过紧急手术，医生发现，她的左半脑功能丧失，这让她失去了语言能力、逻辑思维和分析能力，但她的右半脑仍然功能正常。这样的泰勒几乎成了废人，但就在 8 年以后，她居然奇迹般地康复了！

她是怎么做到的呢？这就关系到大脑学习能力的可怕之处。

所谓学习，其实就是大脑中的神经元建立新的连接的过程，如果把这种连接比作修路，修的路越多、越密集，你的容错性就越高，当一条路被冲垮的时候，你就可以绕路走，照样到达终点。而泰勒就是这样慢慢康复的。

修的道路越多，容错性越高

那怎么学最能让大脑获得快乐呢？结合最新的研究，我们准备了 3 份大餐。

### 1. 快乐套餐：多巴胺回路

当在你尝试解决问题，或者想搞懂一件事情的时候，其实是大脑在“点餐”。即使问题还没搞懂，大脑也已经开始启动“奖赏预期”进而分泌多巴胺；而挑战成功，更是会完成回路，鼓励我们继续探索、学习和进步。

### 2. 创意沙拉：跨界学习

斯坦福大学的研究发现，不同学科之间的交叉学习能够极大地刺激大脑的创新区域。研究发现，跨界学习时，人脑中与学习、记忆紧密关联的脑区如海马、颞下回、嗅皮层、尾状核等脑区在跨界学习时均表现出很高的“可变性”，而“可变性”越高，意味着越强的智力和创造力。而跨界学习更是给了我们回望问题的不同视角，在数学中想不出来的答案，可能在文学当中，绘画也可能给你的物理研究带来启发。

### 3. 长寿果汁：持续进修

哈佛医学院的一项研究告诉我们，一直在学习的大脑能够更有效地抵抗老化的症状，如阿尔茨海默病。想象一下，年迈时仍然头脑清晰，这不就是我们都想要的长寿秘诀吗？

## 快乐大脑爱社交

美国的《公共卫生》杂志曾经连续四年随访了加州地区2000多名78岁以上的老人，发现相比起那些社交圈比较窄的老人，社交圈比较大的老人患阿尔茨海默病的风险会降低26%。而且交往频繁的老人，患病风险比交往不频繁的老人还会再下降一半。这是为什么呢？

因为，社交其实很锻炼大脑。

跟一个人交流时，你不仅需要注意他的语气、声调、情绪、表情等各种各样的信息，解读信息的瞬间，还要找到正确的词语组成句子去回答，同时还要把自己的语气、声调、情绪、表情给准备好。这一来二去，你大脑的语言中枢、情感中枢、逻辑思考中枢、控制动作和表情的中枢全都一起完成了一场锻炼，而如果你面对的又是陌生人，那未知就更多，挑战就更大了。

而近年来，有越来越多的论文和研究，都揭示了社交与大脑健康和幸福感之间的正向联系。如果你联系老朋友，可以激活长久不用的那一片脑区；如果你结识新朋友，则可以刺激新的神经元生长。两者都只赚不赔。但有个问题，我还得提醒你，就是不要过分依赖互联网上的社交，用它来替代真实的社交。现在心理学里就有一个新的症状叫社交网络焦虑症。因为社交媒体上两种信息最多，一种是其他地方又有糟糕的事情发生了，一种是哪些人又过得比我好了，被这样的信息包围，能不焦虑吗？现在常用的一个词叫“人脉”，我觉得意思和人矿差不多，真正让大脑快乐的社交，是非功利的、有质量的。

## 养脑卡片

最后，让我们一起来做一张养脑小卡片：

在卡片的正面，是促进大脑健康和改善心情的食物，在里面选择自己喜欢的安排上。

| | | | |
|---|---|---|---|
| 鱼类 | 黑巧 | 浆果 | 坚果<br>种子 |
| 番茄 | 鸡蛋 | 谷物 | 酵类 |
| 茶<br>咖啡 | 香蕉 | 蓝藻<br>螺旋藻 | 杂豆 |

卡片的反面，第一栏记录下自己喜欢的运动，不用一条道走到黑，可以尝试不同的类型，随时调整。第二栏记录下自己目前的挑战，可以把自己想掌握的技能或者想学的东西写下来。第三栏记录下自己想见的老朋友，找时间和他们见一见吧。

| | | |
|---|---|---|
| 我喜欢的运动有： | 我想学的东西有： | 我想见的朋友有： |
| 我目前打算尝试： | 我目前打算学习： | 我这个月想见： |

别忘了，任何练习我们都要坚持一周哦！

## 名词解释

1. 买单医生的全名：买单 · 卡塔利亚（Madan Kataria）。

2. 脑科学家泰勒的全名：吉尔 · 博尔特 · 泰勒（Jill Bolte Taylor）。

3. 黑巧克力：包含抗氧化剂、咖啡因以及可促进内啡肽释放的物质。研究表明，吃巧克力可以使人愉悦。

4. 鱼：尤其是富含 omega–3 脂肪酸的鱼，如三文鱼、鲭鱼、鳟鱼。Omega–3 脂肪酸有助于维护大脑健康并减少抑郁风险。

5. 坚果和种子：如核桃、亚麻籽、奇亚籽，它们都富含 omega–3 脂肪酸和抗氧化剂。

6. 蓝莓：含有丰富的抗氧化剂，被认为可以减缓大脑老化过程。

7. 番茄：富含番茄红素，这是一种强大的抗氧化剂，被认为可以防止自由基对大脑造成的伤害。

8. 鸡蛋：富含胆碱，对于乙酰胆碱的生产非常重要，而乙酰胆碱是与记忆相关的神经递质。

9. 绿叶蔬菜：如菠菜、羽衣甘蓝，它们含有丰富的叶酸和抗氧化剂，可降低认知衰退风险。

10. 咖啡和茶：富含咖啡因和抗氧化剂，已经被证明可以提高注意力、警觉性和心情。

11. 全麦产品：提供稳定的能源供应，对于大脑功能很重要。

12. 酸奶和发酵食品：富含益生菌，与大脑健康和心情有关。一些研究表明，肠道健康可能与大脑健康和心情有关。

# 参考文献


[1] Holt-Lunstad, J., Smith, T. B., & Layton, J. B. (2010). "Social relationships and mortality risk: A meta-analytic review." *PLoS Medicine*, 7(7), e1000316.

[2] House, J. S., Landis, K. R., & Umberson, D. (1988). "Social relationships and health."

[3] Kawachi, I., & Berkman, L. F. (2001). "Social ties and mental health."

[4] Epel, E. S., Blackburn, E. H., Lin, J., Dhabhar, F. S., Adler, N. E., Morrow, J. D., & Cawthon, R. M. (2004). "Accelerated telomere shortening in response to life stress." *Proceedings of the National Academy of Sciences*, 101(49), 17312-17315.

[5] Sherman, S. M., Cheng, Y. P., Fingerman, K. L., & Schnyer, D. (2016). "Social support, stress, and the aging brain."

[6] Berkman, L. F., & Glass, T. (2000). "Social integration, social networks, social support, and health." *Social Epidemiology*, 137-173.

[7] Bickart, K. C., Wright, C. I., Dautoff, R. J., Dickerson, B. C., & Barrett, L. F. (2011). "Amygdala volume and social network size in humans." *Nature Neuroscience*, 14(2), 163-164.

[8] Sokola-Wysoczanska, E., Wysoczanski, T., Wagner, J., Czyz, K., Bodkowski, R., Lochynski, S., & Patkowska-Sokola, B. (2018). "Polyphenols in cocoa and chocolate products: Is there

a link between antioxidant properties and health?" *Journal of Functional Foods*, 48, 450–458.

[9] Ros, E. (2010). "Health benefits of nut consumption." *Nutrients*, 2(7), 652–682.

[10] Gómez-Pinilla, F. (2008). "Brain foods: the effects of nutrients on brain function." *Nature Reviews Neuroscience*, 9(7), 568–578.

[11] Krikorian, R., Shidler, M. D., Nash, T. A., Kalt, W., Vinqvist-Tymchuk, M. R., Shukitt-Hale, B., & Joseph, J. A. (2010). "Blueberry supplementation improves memory in older adults." *Journal of Agricultural and Food Chemistry*, 58(7), 3996–4000.

[12] Mikkelsen, K., Stojanovska, L., Prakash, M., & Apostolopoulos, V. (2016). "The effects of vitamin B on the immune/cytokine network and their involvement in depression." *Maturitas*, 93, 108–111.

[13] Frank, G. K., Oberndorfer, T. A., Simmons, A. N., Paulus, M. P., Fudge, J. L., Yang, T. T., & Kaye, W. H. (2008). "Sucrose activates human taste pathways differently from artificial sweetener." *NeuroImage*, 39(4), 1559–1569.

[14] Suez, J., Korem, T., Zeevi, D., Zilberman-Schapira, G., Thaiss, C. A., Maza, O., ... & Segal, E. (2014). "Artificial sweeteners induce glucose intolerance by altering the gut microbiota." *Nature*, 514(7521), 181–186.

[15] Schultz, W. (2000). "Multiple reward signals in the brain." *Nature Reviews Neuroscience*, 1(3), 199–207.

[16] Wise, R. A. (2004). "Dopamine, learning and motivation." *Nature Reviews Neuroscience*, 5(6), 483–494.

[17] Stern, Y. (2002). "What is cognitive reserve? Theory and research application of the reserve concept." *Journal of the International Neuropsychological Society*, 8(3), 448–460.

[18] Wilson, R. S., Mendes De Leon, C. F., Barnes, L. L., Schneider, J. A., Bienias, J. L., Evans, D. A., & Bennett, D. A. (2002). "Participation in cognitively stimulating activities and risk of incident Alzheimer disease." *JAMA*, 287(6), 742–748.

[19] Fratiglioni, L., Wang, H. X., Ericsson, K., Maytan, M., & Winblad, B. (2000). "Influence of social network on occurrence of dementia: A community-based longitudinal study." *The Lancet*, 355(9212), 1315–1319.

[20] Kramer, A. F., & Erickson, K. I. (2007). "Capitalizing on cortical plasticity: influence of physical activity on cognition and brain function." *Trends in Cognitive Sciences*, 11(8), 342–348.

[21] Scarmeas, N., Luchsinger, J. A., Schupf, N., Brickman, A. M., Cosentino, S., Tang, M. X., & Stern, Y. (2009). "Physical activity, diet, and risk of Alzheimer disease." *JAMA*, 302(6), 627–637.

[22] Barnes, L. L., Mendes de Leon, C. F., Wilson, R. S., Bienias, J. L., & Evans, D. A. (2004). "Social resources and cognitive decline in a population of older African Americans and whites." *Neurology*, 63(12), 2322–2326.

[23] Holt-Lunstad, J., Smith, T. B., & Layton, J. B. (2010). "Social relationships and mortality risk: A meta-analytic review." PLoS

Medicine, 7(7), e1000316.

[24] Uchino, B. N. (2006). "Social support and health: a review of physiological processes potentially underlying links to disease outcomes." *Journal of Behavioral Medicine*, 29(4), 377–387.

[25] Cacioppo, J. T., & Hawkley, L. C. (2003). "Social isolation and health, with an emphasis on underlying mechanisms." *Perspectives in Biology and Medicine*, 46(3), S39–S52.

[26] Diener, E., & Seligman, M. E. (2002). "Very happy people." *Psychological Science*, 13(1), 81–84.

[27] Teo, A. R., Choi, H., & Valenstein, M. (2013). "Social relationships and depression: Ten-year follow-up from a nationally representative study." *PLoS One*, 8(4), e62396.

# 衰老

## 我们可以靠大脑返老还童吗？

2023 年，有位“想回 18 岁”的富豪布莱恩 · 约翰逊闯入了热搜！

他的壮举是啥？

45 岁的他跟 17 岁的儿子玩“换血接力”！你没听错，他真的给自己输了儿子的血，再给 70 岁的爸爸输了自己的血。这位富豪以前可是“健康狂魔”，为了使自己看起来年轻，每天吃 80 粒药，每月吃 60 斤蔬菜泥。那么这个换血的结果怎样呢？

经过 3 个月，换了 6 次血后，他自己承认：“哎呀，这玩意儿没用。”但是，著名的《自然》杂志很快打了富豪的脸，说是给老鼠换血，它们的确能活得更长！

为啥老鼠成功了呢？原来，富豪的方法没用对，他只是“输血”，而老鼠则是“共生换血”。这事儿如果真要做，那得 12 年时间每时每刻都跟一个年轻人连在一起，但这还不是最恐怖的，12年连续开“人肉充电宝”，只换来6年的寿命延长，真的值得吗？

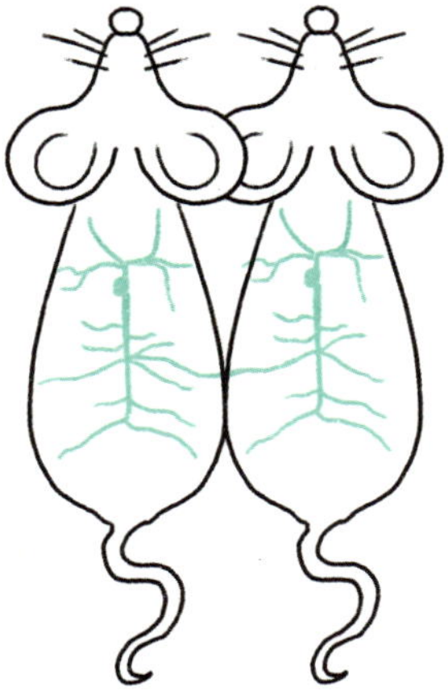

年老鼠、年幼鼠换血（实验）

布莱恩其实是个“抗老迷”，他的灵感可能来自斯坦福大学的一项研究，那里的小鼠通过注射年轻小鼠的“脑脊液”而使记忆能力提升了。

这个脑脊液我们在之前的课程里讲过，它是一种无色透明的液体，对我们大脑起到保护和缓冲的作用，睡眠的时候，脑脊液会进入大脑，带走白天产生的垃圾。这个实验成功的关键是发现了脑脊液中有一种蛋白质叫Fgf17，它可能是让老鼠回春的钥匙。考虑到之后市面上可能有打着这个名字的未知保健品出现，我还是先关照一句：实验和应用之间还有很长的路要走，不要盲信任何概念产品。而这项研究更广泛的含义是，衰老的大脑仍然是可塑的，并且有办法改善它们的功能。

那么，我们真的可以靠大脑返老还童吗？

有没有什么我们普通人能做到的事情呢？

## 超级老年人

不知道你有没有注意到，现在的世界上，的确有一些“老年人”，但你从来没把他们当老年人——任正非 79 岁还在执掌华为，张忠谋 91 岁还在掌舵台积电（台湾积体电路制造股份有限公司），阿瑟·阿什金 96 岁拿诺贝尔奖，99 岁的查理·芒格和 94 岁的巴菲特，仍然是世界“首席交易员”，马斯克的妈妈 75 岁时还在走秀做代言，77 岁时的拜登和 73 岁时的特朗普还在竞争上岗，他们是老人吗？他们不是吗？

在约 20 年前的一项研究中，40 位“老寿星”与 41 位“小鲜肉”做脑力对决。研究者就像考官一样读了一个名单，包含 16 个词，读了 6 遍！接着让大家歇 20 分钟，然后开考。结果是，23 位“老兵”只记得 9 个词以下，略显尴尬。但其中有 17 位“老将”能记住至少 14 个词，其中几位 80 多岁的老兄记得的词还跟 20 多岁的小伙伴一样多！这么神奇的事情，又是怎么回事呢？

这样的研究后来又做过很多次，研究者发现世界上就是存在着这么一群老人，他们的大脑就像 316 不锈钢，从不生锈，永不褪色。他们有一个专用的名字，叫“超级老年人”，这些“超级老年人”不仅记忆力超群，“硬件脑”保养得也特别好。他们负责思考、决策和记忆的大脑皮层比普通 50 多岁和 60 多岁的人厚得多，90 岁后大脑容量的下降速度每年只有 1%。他们大脑中的某些神经元，甚至比年轻人的都大！还记得我们前面课程里讲过的 Tau 蛋白和 β－淀粉样蛋白那对阿尔茨海默病的犯罪双雄吗？在这些老人的脑袋里，这两兄弟的数量是其他同龄人的四分之一！

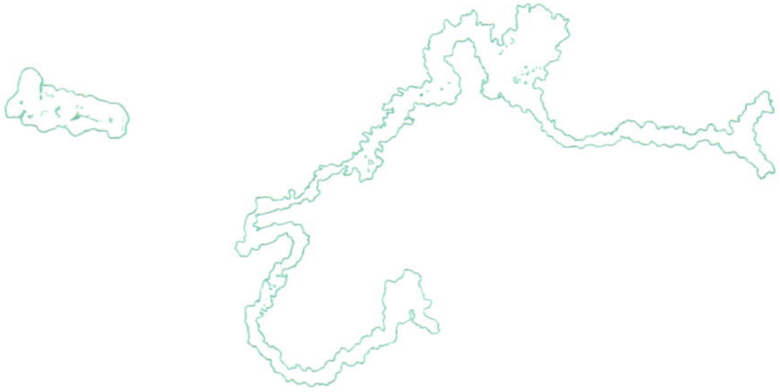

阿尔茨海默病犯罪双雄：Tau 蛋白和 β- 淀粉样蛋白

他们不只是大脑厉害，身体也超棒。大多数人 60 岁可能要担心癌症、糖尿病、高血压，这帮“超人”90 岁才开始有这些问题。而他们完全能自给自足，有的还在工作。

一句话，他们真的逆龄了差不多 30 年！

那么，有没有人去破解他们的秘密呢？

## 你也可以做超级老年人

还真有，有一位叫马克·米尔斯坦（Marc Milstein）的大脑健康专家，就专门研究了这个问题，他得出结论，成为超级老年人，关键中的关键就在于：

学习新东西！

这就好像是你给你的手机升级系统，但这次是给你的大脑升级。你学习了，大脑就会生产一种神奇的“清洗液”——叫作去甲肾上腺素，专门帮助你的大脑在夜间清洗那些“脑垃圾”。这样的清洗会让大脑保持年轻、健康，而且容易建立新的神经元连接。

这时我们才知道，其实我们对自己的大脑存在着一个重大误会，我们的皮肤会随着年龄产生褶皱，身体机能也会下降，于是我们觉得大脑一定也是按照这个规律慢慢变老的，但其实，大脑很可能是我们全身唯一的“逆龄器官”。

如果现在你在网上查资料，问老年人能否产生新的神经元，网络可能会回答你，不能，但这个结果其实早就已经被推翻了。西班牙马德里自治大学－西班牙高等科研理事会的科学家们详细分析了58名人类被试者的组织样本。结果发现，虽然存在一定程度的年龄相关性下降，但是人脑海马体内的成体神经发生终生都可观察到。所以，那些总说“我老了”“我脑子不好使了”

的朋友，是把自己的大脑给冤枉了！它可能跟你说：“别急，我还在发育呢！”所以，超级老年人不是超人，他们只是一群没有锁住大脑，允许它们继续发育的人。

## 30岁的“未成年”和90岁的“发育脑”

现在流行在迈入30岁后就说自己“已经老了”，脑子也“经常忘事儿”。

不过，这只是嘴巴自作主张的说法吧？大脑可并不承认。

也是在近期，欧洲一项脑研究表明，人类达到90岁高龄时，健康大脑内仍有新神经元在持续发育。如此看来，我们的身体真是拖了大脑的后腿。

当我们说一个成年人“心智不成熟”的时候，应该想想，也许他的大脑真的还没发育完全。

在伦敦牛津大学医学院近期的一次会议上，英国剑桥大学的神经科学家彼得·琼斯称，研究认为人类大脑并非很快就成熟了，大脑成熟是一个缓慢、循序渐进的过程，最终达到成人状态，差不多要到人们30多岁左右。

他的研究认为，在18岁时人的大脑仍在经历巨大变化，20岁之后也非常容易受影响，到了30岁左右才会慢慢成熟。

大脑有自己的“发育时间表”，不过，大脑的成熟程度会影响人们的行为以及心理状态。没有成熟的大脑，也意味着对自己情绪的控制力，与他人交往沟通的能力都有待完善。因此从某种意义上来说，大脑不成熟也可以称为“没有成人”。

给未成年转变为成年界定一个时间点这件事，看起来越来越荒谬了，这个过程其实是一个缓慢的过渡，大概会持续 30 多年。

换句话说，未成年与成年之间可能并没有明显的分界线。无论大脑还是认知，我们始终都走在逐渐成熟的这条路上，沿着成长的轨道慢慢向前。

而与大脑的“晚熟”相对的，其“衰老期”其实也来得很晚。上文已指出，直到 90 岁高龄时，健康人脑内仍会有新的神经元持续发育。

大脑内的大部分神经元在出生时便已存在。在成年人大脑的特定脑区，如海马体，会形成新神经元，这个过程也被称作成体神经发生。过去的研究已经确定，在啮齿类动物和其他脊椎动物体内会发生这一现象。另外也有研究表明，新生神经元会融入人体组织。但是，近年来的研究对人脑内的成体神经发生程度产生了怀疑。

心理学家把人的智力分成晶体智力和流体智力。

晶体智力是后天获得的认知能力。比如学会的某种技能、语言文字能力、判断力、联想力等。晶体智力不会随着年龄衰退。

流体智力是一种先天的能力。比如记忆力、运算速度、推理能力等。这种智力是有生理基础的，所以它在30岁以后会逐步衰退。

既然流体智力有生理基础，那么咱们利用有效的方法延缓生理衰老，很可能有利于减慢流体智力的衰退速度。

比如，目前被主流学界认可的三件事：

少吃：有利于清除大脑里的衰老细胞。

运动：帮助咱们清除体内废物，增强自我修复能力和代偿功能。

戒烟限酒：可以减少基因损伤，进而减慢衰老的速度。

## “异化”的我们

哈佛大学著名的人类进化生物学家丹尼尔·利伯曼在深入接触了一批原始狩猎采集部落后，有了一些令人震惊的发现：这些部落中的老人家，健康水平直到70岁才显著下滑。与此同时，利伯曼观察到，原始部落的女性70岁时仍能以每秒1.1米的速度行走，而他自己经常需要加速才能追上她们的步伐。

相较而言，他身边的美国女性在50岁时行走速度为每秒0.92米，到60岁降至0.61米，60岁的中国人的成绩则是0.8～0.97米。现代人在50岁之前健康状况就有明显下滑，然后在50至60岁相对稳定，之后健康状况再次大幅下滑。尽管我们的平均寿命因为先进的医疗技术而超过了原始部落族群，但从健康和活力上看，我们远远落后于他们。

那利伯曼为什么要去跟着老奶奶走路呢？因为他的研究课题是衰老，他认为，一个人是衰老还是年轻，不应该跟现代人比，而应该与旧石器时代的狩猎采集者比。毕竟，人类在狩猎采集时代生活了 180 万年，农业文明仅有 8000 年左右，工业化和现代办公生活则是近二三百年的事。

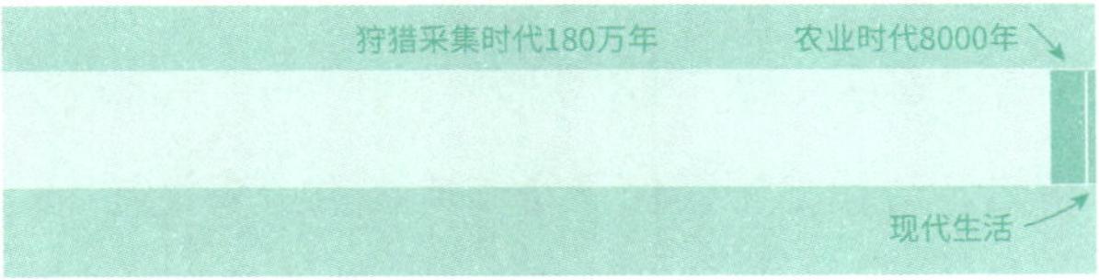


狩猎采集时代、农业时代和现代生活的时间对比

因此狩猎采集者的身体状态相当于我们身体的出厂设置，真相是，我们本来就不容易老！原始部落的爷爷奶奶们不但健康，体形也好看，精神也饱满，心情还很愉快。与他们相比，现代人似乎已经在某种程度上“失去了自己”。

那么，如何找回那份失落的活力呢？

## 如何成为“狩猎采集者”？

我知道，你一定会想到运动，但是这个实在太累人了，那些能够一边跑步一边分泌内啡肽的人，毕竟是少数。但好消息是，大量人类学家都观察到，原始部落的人们其实也很不爱动，人的本性都是一样的，但他们和我们的主要区别有两点，这两点你可以记笔记。

第一点区别是，他们从来不会“久坐”。久坐的危害，我们之前就讲过，对比之下，仅仅是站着，也会多消耗 8% ~ 10% 的能量。久坐时人常常是不动的，而不动的身体血液中会积累脂肪和糖，这可能会导致全身出现慢性轻度炎症，更不用说久坐还会导致肌肉僵化等问题。

但好消息是对付久坐很容易！利伯曼建议的解决方法是每半小时站起来走走，哪怕在椅子上做做操、扭扭腰，也比不动好。

但其实经过统计，最容易让我们久坐的情况，并不是在公司上班，而是在家里休息，比如半躺在沙发上，或者自以为买了一个人体工学椅，就可以长时间地看剧刷手机。

第二点区别，是他们的中等强度有氧运动明显比我们多，什么是中等强度呢？就是你的呼吸会加快，有一点喘不上气的感觉，说话可以，唱歌不行。摸上去心跳加快，心率达到最大心率的 50% ～ 70%。

| | | 区间 | | | | | | | | | |
|---|---|---|---|---|---|---|---|---|---|---|---|
| | | 年龄 | | | | | | | | | |
| | | 20 | 25 | 30 | 35 | 40 | 45 | 50 | 55 | 65 | 70 |
| 心率 | 100% | 200 | 195 | 190 | 185 | 180 | 175 | 170 | 165 | 155 | 150 |
| | | 最大摄氧量（最大值） | | | | | | | | | |
| | 90% | 180 | 176 | 171 | 167 | 162 | 158 | 153 | 149 | 140 | 135 |
| | | 无氧运动（硬核训练） | | | | | | | | | |
| | 80% | 160 | 156 | 171 | 148 | 144 | 140 | 136 | 132 | 124 | 126 |
| | | 有氧运动（有氧/耐力训练） | | | | | | | | | |
| | 70% | 140 | 137 | 133 | 130 | 126 | 123 | 119 | 116 | 109 | 105 |
| | | 体重控制（健身训练/燃烧脂肪） | | | | | | | | | |
| | 60% | 120 | 117 | 114 | 111 | 108 | 105 | 102 | 99 | 93 | 90 |
| | | 中等运动（保养/预热） | | | | | | | | | |
| | 50% | 100 | 98 | 95 | 93 | 90 | 83 | 85 | 83 | 78 | 75 |

学界的建议是每周只要进行 150 分钟的中等或者中高强度有氧运动，再加上一两次力量训练即可。如果能做高强度有氧运动，那么时间可以减半——但利伯曼建议还是以中等强度有氧运动为本，因为它的好处比高强度间歇运动要多。高强度运动主要是为了省时间。

**150** 分钟

**中等强度有氧运动**

如：快走、慢跑、蹦床、骑车、爬楼梯、健身操不管怎么说，这个锻炼方案都不是很难。如果你每周锻炼5天的话，每天只需要30分钟。我们与狩猎采集者的身体素质就差这么一点锻炼。

70岁以前，你要记住这个逻辑：不是衰老让你减少了运动，而是因为你减少了运动而衰老。

## 逆龄卡片

还记得前面我们做的“养脑卡片”吗？现在，我们就再做个升级版：逆龄卡片。

在上次的基础上，补充两件事：第一件事，给自己定一个极限的久坐时间，你可以利用手机上的番茄钟，来实现这个提醒功能。第二件事，确定每周会在哪5天运动30分钟。毫无疑问，咱们这代人可以活得更久，但是要让生命更精彩还得靠我们自己。

| | | |
|---|---|---|
| 我喜欢的运动有： | 我想学的东西有： | 我想见的朋友有： |
| 我目前打算尝试： | 我目前打算学习： | 我这个月想见： |

我不会连续坐着超过 ____ 分钟　　我每周会在 ____ 每天运动30分钟

# 参考文献


[1] Conboy, I. M., Conboy, M. J., Wagers, A. J., Girma, E. R., Weissman, I. L., & Rando, T. A. (2005). "Rejuvenation of aged progenitor cells by exposure to a young systemic environment." *Nature*, 433(7027), 760–764. DOI: 10.1038/nature03260

[2] Villeda, S. A., Plambeck, K. E., Middeldorp, J., Castellano, J. M., Mosher, K. I., Luo, J., ... & Wyss-Coray, T. (2014). "Young blood reverses age-related impairments in cognitive function and synaptic plasticity in mice." *Nature Medicine*, 20(6), 659–663. DOI: 10.1038/nm.3569

[3] Cattell, R. B. (1971). "Abilities: Their Structure, Growth, and Action." *Houghton Mifflin*.

[4] Lieberman, D. E. (2013). "The Story of the Human Body: Evolution, Health, and Disease." *Pantheon Books*.

[5] Katsimpardi, L., Litterman, N. K., Schein, P. A., Miller, C. M., Loffredo, F. S., Wojtkiewicz, G. R., ... & Wagers, A. J. (2014). "Vascular and neurogenesis rejuvenation of the aging mouse brain by young systemic factors." *Science*, 344(6184), 630–634. DOI: 10.1126/science.1251141

[6] Middeldorp, J., & Hol, E. M. (2011). "GFAP in health and disease." *Progress in Neurobiology*, 93(3), 421–443. DOI: 10.1016/j.pneurobio.2011.01.005

[7] Sinha, M., Jang, Y. C., Oh, J., Khong, D., Wu, E. Y., Manohar,

R., ... & Conboy, I. M. (2014). "Restoring systemic GDF11 levels reverses age-related dysfunction in mouse skeletal muscle." *Science*, 344(6184), 649–652. DOI: 10.1126/science.1251152

[8] Villeda, S. A., Luo, J., Mosher, K. I., Zou, B., Britschgi, M., Bieri, G., ... & Wyss-Coray, T. (2011). "The ageing systemic milieu negatively regulates neurogenesis and cognitive function." *Nature*, 477(7362), 90–94. DOI: 10.1038/nature10357

[9] Speisman, R. B., Kumar, A., Rani, A., Foster, T. C., & Ormerod, B. K. (2013). "Daily exercise improves memory, stimulates hippocampal neurogenesis, and modulates immune and neuroimmune cytokines in aging rats." *Brain, Behavior, and Immunity*, 28, 25–43. DOI: 10.1016/j.bbi.2012.09.012

[10] Harrison, T. M., Weintraub, S., Mesulam, M. M., & Rogalski, E. (2012). "Superior memory and higher cortical volumes in unusually successful cognitive aging." *Journal of the International Neuropsychological Society*, 18(6), 1081–1085. DOI: 10.1017/S1355617712000847

[11] Spalding, K. L., Bergmann, O., Alkass, K., Bernard, S., Salehpour, M., Huttner, H. B., ... & Fris é n, J. (2013). "Dynamics of hippocampal neurogenesis in adult humans." *Cell*, 153(6), 1219–1227. DOI: 10.1016/j.cell.2013.05.002

[12] Schaie, K. W. (1996). "Intellectual Development in Adulthood: The Seattle Longitudinal Study." Cambridge University Press.

[13] Giedd, J. N., Blumenthal, J., Jeffries, N. O., Castellanos,

F. X., Liu, H., Zijdenbos, A., ... & Rapoport, J. L. (1999). "Brain development during childhood and adolescence: a longitudinal MRI study." *Nature Neuroscience*, 2(10), 861–863. DOI: 10.1038/13158

[14] Samitz, G., Egger, M., & Zwahlen, M. (2011). "Domains of physical activity and all-cause mortality: systematic review and dose-response meta-analysis of cohort studies." *International Journal of Epidemiology*, 40(5), 1382–1400. DOI: 10.1093/ije/dyr112

[15] Lieberman, D. E. (2013). "The Story of the Human Body: Evolution, Health, and Disease." Pantheon Books.

[16] Park, D. C., & Reuter-Lorenz, P. (2009). "The adaptive brain: aging and neurocognitive scaffolding." *Annual Review of Psychology*, 60, 173–196. DOI: 10.1146/annurev.psych.59.103006.093656

[17] Erickson, K. I., Voss, M. W., Prakash, R. S., Basak, C., Szabo, A., Chaddock, L., ... & Kramer, A. F. (2011). "Exercise training increases size of hippocampus and improves memory." *Proceedings of the National Academy of Sciences*, 108(7), 3017–3022. DOI: 10.1073/pnas.1015950108

[18] Gomez-Pinilla, F. (2008). "Brain foods: the effects of nutrients on brain function." *Nature Reviews Neuroscience*, 9(7), 568–578. DOI: 10.1038/nrn2421

[19] Willcox, B. J., Willcox, D. C., & Suzuki, M. (2001). "The Okinawa Program: How the World' s Longest-Lived People Achieve

Everlasting Health—and How You Can Too." Clarkson Potter.

[20] Aimone, J. B., Wiles, J., & Gage, F. H. (2006). "Potential role for adult neurogenesis in the encoding of time in new memories." *Nature Neuroscience*, 9(6), 723–727. DOI: 10.1038/nn1707

[21] Paus, T., Keshavan, M., & Giedd, J. N. (2008). "Why do many psychiatric disorders emerge during adolescence?" *Nature Reviews Neuroscience*, 9(12), 947–957. DOI: 10.1038/nrn2513

[22] Jeste, D. V., & Depp, C. A. (2006). "Successful cognitive and emotional aging." *World Psychiatry*, 5(2), 78–84. PMID: 16757998

# 活力

## 冲刺时刻，如何高能表现？

在前面四节中，我们已经讲了保养硬件脑必做的三件事：免伤、滋养和挑战。那么这一节，就让我们用这些内容来应对最最极端的挑战：

高考临考、重大谈判、项目交付、年终冲刺、脱稿演讲

是不是每一项都让你肾上腺素飙升、头皮发麻？那么这种时候，要如何才能有高能表现呢？

关键就是回答 5 个痛点问题，而问题的答案，正需要我们结合之前讲过的内容逐个击破。

### 痛点 1：冲刺时刻，我是不是能牺牲一点睡眠呢？

看过前面内容的伙伴一定会抢着回答：住手！牺牲什么也不能牺牲睡眠啊，这是你一天内最大的一份补品，务必要保证睡眠的长度和质量啊！回答完全正确！但是，假如实在是有不得不把睡眠牺牲掉的极端情况出现，又该怎么牺牲呢？

请大家回顾下我们之前讲的 R90 睡眠法，如果减掉一段 90 分钟的睡眠，比如本来睡 6 个睡眠周期的你，临时改成了睡 5 个睡眠周期，虽然仍然睡眠不足，但至少人不会太难受。那被减掉的那一段睡眠又该怎么补呢？我建议是用午睡 20 分钟的方法缓冲一下，时间最好放在午餐后。如果你有喝咖啡的习惯，可以先喝咖啡，然后把闹钟调整到 20 分钟 + 一个入睡时间，比如 5 分钟，咖啡一般需要 20 分钟到达血液，醒来的时候，你的腺苷已经被清除了一部分，剩下的腺苷因为咖啡暂时发挥不了作用了，所以能保证你下午的精力输出。

但如果遇到倒时差的情况怎么办呢？做好两件事：第一，上飞机的那一刻就把手机上的时区调到目的地的时区，此时此刻，就假装你已经是那个时区的人了；第二，上飞机先睡觉，这么做会让你储备一些精力，让你熬过接下来的时差挑战。千万不要把睡觉的时间放在飞行的后半程，因为那样做的话，你想把时区调整到新模式就难上加难了。

但是请注意，这样的方法只是为了应对不得已的、暂时的冲刺和输出，可不能变成你的日常习惯。之前就有人把这些方法做成攻略，特地教大家如何通过减少睡眠来获得更多工作时间，甚至以只睡 5 小时为荣，这些在我看来其实是本末倒置了，睡眠的黄金信条是节律，在不破坏任何节律的情况下，仍然游刃有余地把工作做好，才是我们的首要目标。

### 痛点 2：冲刺时刻，我是不是能牺牲一点锻炼呢？

对于这个问题，小伙伴们一般分为两派：

放弃派

硬撑派

请问你是哪派呢？而以上做法，在冲刺阶段，都是不推荐的。

放弃派的做法肯定不行，有不少研究发现，锻炼和大脑负责记忆的海马体增大有很强的相关性。越到冲刺时刻，我们越需要海马体发挥作用。

但硬撑派为什么也不对呢？因为运动持续时间长，血糖消耗多，短期内大脑的状态反而会下降。冲刺的时候，我们希望把所有的燃料都供应给大脑，长时间的运动会消耗燃料，所以弊大于利了。

那到底该怎么办？冲刺时刻，我推荐你做大剂量间歇式运动，英文叫 HIIT（High-intensity Interval Training）。HIIT 能够在短时间内提高大脑的血氧供应，刺激大脑分泌脑源性的神经生长因子。总之，冲刺阶段做 HIIT，能够快速地改善大脑的状态。

那么选择哪种 HIIT 呢？冲刺跑、深蹲、Burpee（立卧撑）……网上种种 HIIT 教程五花八门，其实你都可以试试，看看自己喜欢哪个。但有个原则要注意！如果一个项目让你觉得有压力，某个身体部位疼痛，比如膝盖、腰，那就要警觉了，可能是你的动作并不标准，或者这个项目根本就不适合你。

最重要的是，我劝你提前选定做哪种 HIIT，不要等到冲刺时刻了，才临时从网上下个教程，练那种自己从来没练过的 HIIT，然后轻则筋疲力尽，重则伤筋动骨，冲刺还没做，体能和精力反而被耗光了。你可以在没有什么冲刺压力的时候就为自己培养几个可以坚持，练完觉得身体舒适的 HIIT，打造一个自己的“锻炼宝库”，以备不时之需。

### 痛点 3：我觉得越到冲刺时刻，压力就越大，压力一大，越想记住的东西反而越记不住，最后索性就摆烂了，这种情况怎么办呢？

为什么压力太大会记不住东西呢？因为人在感受到压力的时候，体内一种叫皮质醇的激素会增加。适量的皮质醇，可以刺激大脑加深记忆，对我们的记忆是有好处的。但过量的皮质醇，则会抑制神经元发挥作用，东西就记不住了，工作效率也变低了。所以咱们总说，压力是记忆力的天敌。

但是很多人不知道的是：其实记忆力也是压力的天敌！

因为压力影响记忆的脑区，通常是海马体，而大量研究表明，锻炼海马体的过程通常意味着提高了认知功能和学习能力。这可能使人们更有效地处理信息，更好地应对压力情境，从而减轻压力感。此外，记忆训练活动，如记忆游戏或练习，可以作为一种分散注意力的方式，提供心理上的缓解，帮助减少对压力源的焦虑。

虽然这些研究的结果让我们感到非常有颠覆性，但我们要记住一个结论：压力跟记忆力其实是一座跷跷板的两头，一边变强，另一边就会变弱。所以如果你被压力“欺负”了，那就坐到记忆力的那一头去，让它变得更强！

那具体该怎么做呢？请记住一句口诀：

**在有点冷、有点饿的时候，**
**一边走一边把加入了情感的知识点教给别人。**

这个“别人”可以是你的小师弟、你的奶奶，也可以是你的录音笔。

这句口诀看似简单，其中却暗藏大脑记忆的四个后门：

第一，为什么要有点冷还有点饿？这就是“生存危机记忆法”的由来。底层逻辑就是还原动物在遇到生存危机时候的情境，来辅助记忆。因为这时候，脑中海马体的活跃程度是更高的，这个时候它受到的外部刺激也会被放大。而且，人对于冷的刺激非常敏感，迷糊的时候用凉水洗把脸，能够刺激肾上腺素、雄激素和内啡肽的分泌，让大脑快速地亢奋和聚焦。

第二，为什么要边走边说？其实不只是走，在移动的地铁、出租车上说也一样有效，只要处于移动状态就行。为什么呢？因为大脑只要感知到自己正在移动的状态，就会产生“θ 波”，而在 θ 波出现时刺激海马体，就能够大大增加记忆的效率，有时候甚至只需要原本 1/10 的次数就能把短期记忆转变为长期记忆。所以，你也可以把这本书带在地铁上，边移动边看。

θ波

振荡频率：4-7Hz

第三，为什么要把需要记忆的内容加入情感呢？这是为了激活你的“杏仁核”，杏仁核是我们的“情绪工厂”，当我们的杏仁核处于被激活的状态，也就是情绪高涨的时候，记忆力更强。比如，我在讲解《翦商》的时候，没有人会忘记《周易》可能是一本日记这个知识点，因为伯邑考被当作人牲祭祀的画面实在是触目惊心。

这也是为什么一些记忆大师在记那些完全没有规律的数字或文字时，把它们编成一个故事（情境），而且越夸张越好，因为这样才能刺激杏仁核。比如，请你记住一个电话号码：

19117727579（虚构号码）。很多人从来没想过电话号码还能瞬间背出来，但其实，你可以把这个号码先拆成三个模块，因为人的大脑在短期记忆中，最多只能记住 7±2 个模块，然后呢，再把三个模块各编成一个故事（情境），比如要就要（191）要吃吃（177）娘吃鱼吃酒（27579），是不是一下子就记住了呢？

而情感记忆加上走动，双管齐下，就会有更神奇的效果。比如，你会把走动过程中看到的新的景色、闻到的味道、方位感和记忆联系起来，这就是传说中的福尔摩斯“记忆宫殿”，其实，并没有电影里那么神奇，你也可以做到！

第四，为什么要说给别人听？这就是你一直听到的“费曼学习法”的底层逻辑，它既是一个知识输出的过程，也是一个把知识跟实际情景关联起来的过程。所以假如你在准备演讲，务必站起身，把话说出来，说给“别人”听。

### 痛点 4：越到冲刺阶段，就越会有“提不起干劲儿”的时候，这种时候应该怎么办呢？

对于这类问题，心理学家们通常关注的是，怎么去刺激“内在动机”，也就是，先帮我们从心理层面燃起热情，再带动大脑去干活儿。

但是脑科学家们关注的是另一种更直接、更快速的路径，就是去刺激我们大脑中的一个叫“苍白球”的部位。平时你是不是会有那种“迫不及待”“赶紧要去做某件事”的心情啊？这时候，就是你的苍白球处于活跃状态的时候。这就给了我们一个后门，那就是在我们的内在动机不足的时候，也可以主动去刺激苍白球，这就是从生理层面，手动给自己“注入干劲”。

那怎么做呢?

有些方法是你已经知道的，比如“制造新鲜感”，学一科知识感到疲惫的时候换一个科目，写作的时候换一个环境，还有的人喜欢一边复习一边开直播，让观众监督自己学习，也是同样的道理。

但更有意思的研究，可能没那么多人知道了。美国精神卫生研究所曾经做过一个实验：让猴子做测试，通关一次给一杯果汁奖励，结果猴子非常高效，通关了97%。但如果改成连续通关4次，给6杯果汁，猴子的表现会更好吗?结果是通关率一下子降到了75%，只有最后一关，成功率才能回到97%。类似的实验其实被变着法地反复做过，答案都指向一点：奖励，不用大，但务必要及时！与其让自己“事成之后吃顿好的”，倒不如记住这个口诀：

**今天，我只要起床以后，把工作文件打开，就奖励自己一杯咖啡！**

这个口诀包含两个大脑后门。首先，别小看“打开文件”或者“打开书”这个动作，它能直接给苍白球发出激活信号，让干劲生发出来；其次，及时的奖励，哪怕不是一杯咖啡，仅仅是在计划表上给自己打个钩，都能激发奖励回路的开启，继而促进多巴胺的分泌。

给大家示范一下，这是一个糟糕的行动方式：

上午：复习完第一章。

下午：写完一份报告。

你看，大块内容，没有切分，没有奖励。

而这，是一个优秀的行动方式：

上午：

打开书——奖励一杯咖啡。

看完第一节——奖励一个鸡蛋。

看完第一章——奖励 15 分钟散步。

下午：

打开报告写一行字——奖励一份小零食。

报告写完两小节——奖励 15 分钟唠嗑。

写完报告——奖励半小时游戏。

你看，复习和写作开启都非常简单，后面难度慢慢增加，但你不会觉得难，而奖励又相当及时，这才是越做越爽的计划表。

痛点 5：我总觉得有的时候自己很有干劲，但有时候自己是在颓废退步，人总是这么进进退退的吗？如果想要获得持续的成长，有可能吗？

请自信一点，答案不仅是有可能，而且是完全可以。当我们结合了神经科学家和运动专家的经验后，会发现成长只要记住这一个口诀就可以了：成长 = 刺激 + 休息。

比如大脑，先是新鲜内容对大脑产生刺激，生长出新的神经突触，但是大脑会自动遗忘不常用的内容，这就是很多人说的“睡一觉就忘了”，而这其实是件好事！在慢波睡眠（SWS）期间，海马体与大脑皮层间发生“回放”活动，将这些信息从海马体转移到大脑皮层，然后第二天白天再刺激一遍，让大脑发现：哦！原来这不是不常用的内容，这是常用的呀，那我就记下来吧——进而让神经元之间的连接更加巩固，大脑就是这么变强的。

又如你的身体，当你锻炼的时候，身体会受到一定的损伤：细胞氧化加速、肌肉损伤、身体出现炎性反应等。简单说，刚锻炼完的你，变“老”了。但是！锻炼一结束，修复马上开始。最绝的是，这个修复不仅会修复这次锻炼带来的损伤，也会把身体之前的损伤给修复一些。具体动作包括更新能量储备、降低皮质醇水平、产生抗氧化剂、去除废物细胞等。你的身体获得了一次小小的重生。这就是“超值修复”。下面这张图表现了锻炼前后的身体能量消耗变化——

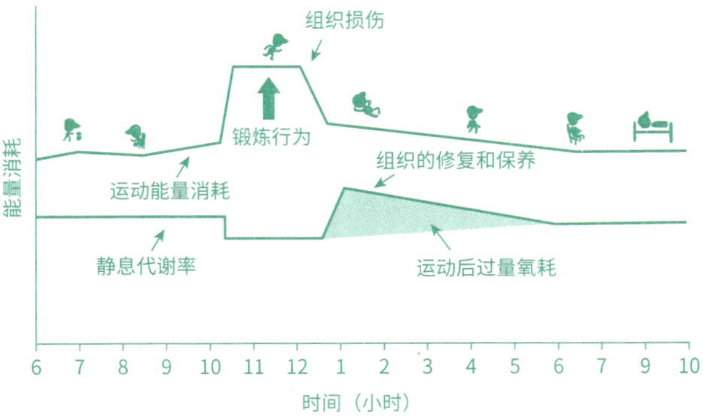


你会发现锻炼结束后几个小时内，身体的静息代谢率仍然高于平时——这份多出来的能量消耗是怎么回事啊？就是用在了修复上！

“杀不死我的只会让我更强大”，这句话可不是励志鸡汤，而是科学事实。

但这里我们需要注意的就是刺激的度，成长就像一根神奇的橡皮筋，一拉一松，橡皮筋更粗壮了，一直拉着不松，橡皮筋就断了。

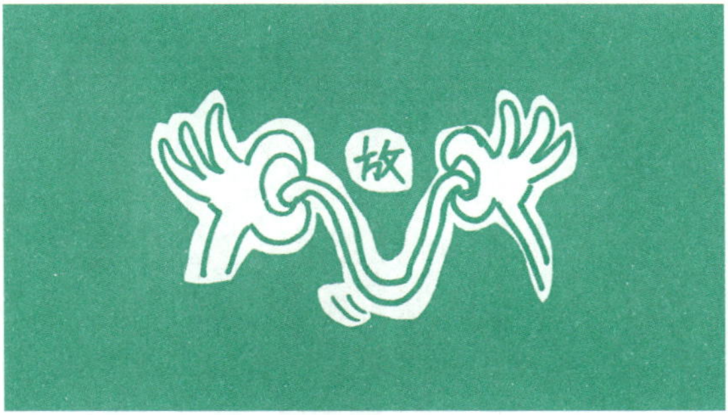
放

拉

你的身体往往知道什么时候要松一松，觉得累了、疼了、锻炼时间到了，身体都会有提醒，但拉着不松的情况往往更多发生在精神层面，所以紧接着我们将开启一个新的模块：快乐脑。想拥有一个心花怒放的人生，需要什么样的思维工具呢？我们下一章见！

# 参考文献

[1] Fenesi, B., Fang, H., Kovacevic, A., Oremus, M., Raina, P., & Heisz, J. J. (2017). “Physical exercise moderates the relationship between apolipoprotein E (APOE) genotype and dementia risk: A population-based study.” *Journal of Alzheimer's Disease*, 56(1), 297-303.

[2] Ludyga, S., Gerber, M., Brand, S., Holsboer-Trachsler, E., & Pühse, U. (2016). “Acute effects of moderate aerobic exercise on specific aspects of executive function in different age and fitness groups: A meta-analysis.” *Psychophysiology*, 53(11), 1611-1626.

[3] Kujach, S., Byun, K., Hyodo, K., Suwabe, K., Fukuie, T., Laskowski, R., ... & Soya, H. (2018). “Aging in youth: High-intensity interval exercise improves executive function in young adults through increased prefrontal cortex activity.” *NeuroImage*, 169, 117-125.

[4] Schwabe, L., Haddad, L., & Schachinger, H. (2008). “HPA axis activation by a socially evaluated cold-pressor test.” *Psychoneuroendocrinology*, 33, 890-895. DOI: 10.1016/j.psyneuen.2008.03.013

[5] Oshri, A., Cui, Z., Owens, M. M., Carvalho, C. A., & Sweet, L. (2022). “Low-to-moderate perceived stress enhances working memory: Testing the dose-response model through neuroactivation.” *Neuropsychologia*, 171, 108354. DOI: 10.1016/

j.neuropsychologia.2022.108354

[6] Wilson, R. S., Schneider, J. A., et al. (2007). "Chronic distress and incidence of mild cognitive impairment." *Neurology*, 68(24), 2085–2092. DOI: 10.1212/01.wnl.0000264930.97061.82

[7] Hale, J. B., Hoeppner, J.–A. B., & Fiorello, C. A. (2002). "An analysis of digit span components in the assessment of attention processes." *Journal of Psychoeducational Assessment*, 20(2), 128–143.

第二章

# 快乐脑

从心理层面出发，为我们自己打造一个思维工具箱

# 痛苦

**为什么快乐总是稍纵即逝，**
**痛苦却伴随我们这么久？**

## 快乐为什么那么难？

有一位单身妈妈，名叫露露。露露的生活一直很不如意。从中学时代起，她就患有轻度的抑郁症。到了 40 岁时，她又被丈夫抛弃，这让她原本就不幸的生活雪上加霜。

露露的财务状况也是捉襟见肘。她唯一的娱乐，就是每周花五块钱买张彩票，期待着哪天能中大奖。这种小小希望似乎能让她过得好受一点。

生活总是充满了戏剧性。露露真的中大奖了，整整 3000 万！她高兴得简直要疯掉了，立刻辞掉了工作，跑到商场里见什么买什么。短暂的狂欢后，露露又在市中心买了一座豪宅，和一辆拉风的跑车，当然，她知道钱也不能一直乱花，过个瘾就行了，还是要用在教育上，于是她花钱把她的两个孩子都送进了最好的学校读书。

你可能会觉得，露露从此以后一定过得极其幸福，毕竟生活里所有的坑，都被钱给填平了。但奇怪的是，没过几个月，露露的情绪又陷入了低谷。而就在那一年的年底，她被心理医生诊断为持续性抑郁症。

这个故事其实不是我编的，而是真实的，就发生在美国的芝加哥。而这个故事并不是特例。

心理学家曾经研究了 22 位像露露这样中彩票的人，研究发现，这些人感受到的幸福最终都会回落到他们中彩票之前的水平。这是为什么呢？

心理学家对此是这么解释的：

——这就叫“恒温仪效应”。你可以把幸福想象成一台恒温仪，上面有一根指针，总是指向不冷不热。偶尔有特别高兴的事情发生，啪的一下指针就过去了，但它很快就会回到原位。因此，追求幸福的人就好像在跑步机上持续地奔跑，不断努力，取得财富，赢得地位，但幸福感却始终在原先的水平上来回波动。

心理学家拿着“恒温仪”

而经济学家则有不同的解释，他们会说：

——这不就是“边际效应递减”吗？你饿的时候，吃两个包子，开心了，再吃两个呢？恶心了。所谓的边际，就是新增带来的新增，新增的包子带来的新增快乐，是递减的！

经济学家

而佛学家的解释则是：

——这就是“苦”，苦，就是不满足，因为满足的那一瞬间，你就会去追求下一个不满足了。

佛学家

但解释得最彻底的，还是脑神经科学家。对脑神经科学家来说，大脑要做的就是三件事：接收信息、分析信息、回应信息。**而对快乐的限制，其实早在接收信息这一步就已经发生了。**

这是怎么回事呢？

我们都知道，大脑是个“盲人”，它的世界就是一堆电信号的噼噼啪啪，而跟大脑对话，就得把外界的声、光、电、触觉这些物理信号翻译成大脑能理解的电信号。而这个翻译工作，就是由一种叫“转导蛋白质”的东西干的。而它的做法呢，就是在接收到外界的物理信号之后，形成一个“离子通道”，让带电离子的运动形成电信号，然后大脑神经元接收电信号。

转导蛋白质

关键就在于，离子通道对外界刺激的响应，并不是由外界刺激的强度所决定的，而是由外界刺激强度的变化所决定的。

也就是说，哪怕这个刺激再大，只要它一直存在，离子通道也会慢慢关闭。只有刺激发生改变，比如突然间加强，或者突然消失，离子通道才会产生响应。

脑神经学家把这个过程叫作“适应”，我相信你一定有这样的体验，比如从很明亮的室外走到房间里，你会觉得“失明”了，但是过一会儿之后你就什么都能看清了。刚准备好的香薰你觉得很香，但没过多久，你就闻不到了。

就是因为这个离子通道的存在，很多时候，我们的大脑还没来得及去分析信息、回应信息，还没轮到大脑说快不快乐，我们就已经不快乐了，因为离子通道根本没让快乐的东西进来！

这么一分析，恒温仪效应、边际效应递减，也一下子都说得通了！

## 痛苦为什么那么久？

快乐就是那么难，那为什么痛苦那么容易呢？

因为比起好事，人天生就对坏事更加敏感，这种现象也被称为“负面偏见”。这个偏见，是我们人类天生就有的一种认知偏误，什么叫认知偏误呢？好比一辆车，照理来说，方向盘摆正，它就应该向前开，但方向盘通常偏左一点点，而且每辆出厂的车，都是这样的。我们人类就是这种方向盘会有点偏的车，而且我们说的“负面偏见”只是人类的众多认知偏误中的一种，那为什么我们会长成这样呢？

原因主要有以下三点。

第一，为了活下来。在人类的早期进化中，对威胁越敏感的人，越容易存活下来，负面偏见，可是在进化上为我们提供了生存优势的。

第二，处理负面情绪的脑区更原始。你掉了 100 块钱的难过，需要捡到 250 块钱才能抵消。

第三，负面信息和正面信息相比，正面信息往往是符合我们预期的，负面信息则是超出我们预期的。对此，我们就得投入更多的认知资源去思考这件事——“为什么今天偏偏是我踩到屎呢？”结果呢，就是越坏的事，想得越多。

总之，负面偏见的确给了我们生存优势，因此和负面情绪相关的脑区也更加原始，更加不受控制。

说到这里，我们不禁感慨，现今的生活条件越来越好了，尤其数字时代给我们提供了大量的免费娱乐，可现实是人们普遍都不快乐。任何时候调查，说自己感到快乐的人都只占总人口的 30% 左右。

既然快乐那么难，痛苦又那么简单，难道我们就无解了吗？假如此时此地，就让我们为自己的行为做一点设计，让我们多一点快乐，而且是那种事后不自责、不后悔的快乐，这样的设计，我们能做到吗？

答案是，真可以。

第一个设计，就是针对离子通道的。你还记得吗，离子通道只对刺激的变化起反应，那我们就要让这个刺激变化起来，简称“变戏法”。说到这里你一定想到了电子游戏，没错，电子游戏就是利用了这个原理，它们必须不停地给我们提供不同的刺激，这个刺激还要有一定的随机性，就是要带给我们“变化”，那它们成功了吗？我想一定有人会出来反驳，说：既然电子游戏那么成功，为什么还是有很多人觉得玩了游戏之后，只觉得空虚、无聊、后悔呢？

——因为游戏公司只能通过“变戏法”来让离子通道起反应，就好比一位大厨，天天给你做好吃的，烤鸭、炸鸡、满汉全席，变化是多了，厨师的厨艺越来越“卷”了，头也秃了，早晚有一天，他连天上的月亮都能给你摘下来做成月饼了，你却已经不再觉得好吃了。

——通过“变戏法”来获得的快乐，是以“卷”为代价的。

而大厨最后能用的办法是：饿你三天，突然间，什么都变好吃了，这就叫“停一停”。这好比让离子通道漱漱口，重新获得对刺激的敏感，而这一点，是你能做到的。但游戏公司可承受不起，他们只会一直让人玩，他们不敢对你说：从今天开始维护，时间一个礼拜。真要这样的话，游戏公司的 Steam（电子游戏数字发行平台）评分可能会直接跌到 2.5 分。

一个是“变戏法”，一个是“停一停”，都能重新激活离子通道，而大厨的经验告诉我们，最好先用“停一停”，这就是“自律给我自由”的真义，让自己不要一下子获得那么多刺激，适当地“停一停”，是一种自我掌控，没有办法用“停一停”了，再“变戏法”。而这“戏法”也有更好的变法：追求更有深度的东西。比如你打游戏，能不能和准专业选手比比？你搞学问，能不能学会更深的科研知识？你搞事业，有没有较大的目标？只有每进一步都有新的刺激，你才能一直有新的挑战。这就是为什么对有使命感的人来说，工作从来不是工作，而是快乐的源泉。

第二个设计，是针对做事的。到底我们做些什么事，才能感受到快乐呢？你空口说，没科学依据，你凭借回忆，那“叙事自我”很可能和“临场自我”是互相矛盾的。比如，有一个实验，让人待在冰冷的水里，第一拨人，待满 90 秒；第二拨人呢，待满 60 秒。最后调查，谁对这次体验感觉更好，答案居然是第一拨人。而关键是最后那几秒，那几秒，水温会悄悄上升

16℃，就因为这个结局，他们忘了过程中的痛苦，只记得这个结局。

为了避免这样的问题，有一个超大规模的实验应运而生，名叫“Mappiness”，听名字就知道，它是要用数据来量化我们的快乐。方法是让受试者在手机上安装一个 App，这个 App 每天都会随机地跳出来几次，问受试者以下三个问题。

1. 你此时此刻正在做什么？

2. 你跟谁在一起？

3. 你觉得你现在有多快乐？

在 0 ～ 100 分的范围内打分。

用了几年时间，研究者收集到来自 6 万多个受试者的 300 多万项快乐测量。这已经是我知道的最大规模的快乐实验之一了。最后，研究者们把所有活动分成了 40 类，精确统计了每一类活动带给我们快乐的程度。

1. 亲密 / 性 14.2
2. 戏剧 / 舞蹈 / 音乐会 9.29
3. 展览 / 博物馆 / 图书馆 8.77
4. 运动 / 跑步 / 锻炼 8.12
5. 园艺 7.83
6. 唱歌表演 6.95
7. 交谈 / 聊天 / 社交 6.38
8. 观鸟 / 观赏自然 6.28
9. 散步 / 徒步 6.18
10. 狩猎 / 钓鱼 5.82

11. 饮酒 5.73

12. 爱好 / 手工艺 5.53

13. 冥想 / 宗教活动 4.95

14. 比赛 / 体育赛事 4.39

15. 照顾孩子 / 和孩子玩耍 4.1

16. 照顾宠物 / 和宠物玩耍 3.63

17. 聆听音乐 3.56

18. 其他游戏 / 拼图 3.07

19. 购物 / 跑腿 2.74

20. 赌博 / 投注 2.62

21. 观看电视 / 电影 2.55

22. 电脑游戏 / 手机游戏 2.39

23. 吃饭 / 吃零食 2.38

24. 烹饪 / 准备食物 2.14

25. 喝茶 / 咖啡 1.83

26. 阅读 1.47

27. 听演讲 / 播客 1.41

28. 洗涤 / 穿衣 / 梳洗 1.18

29. 睡觉 / 休息 / 放松 1.08

30. 吸烟 0.69

31. 上网浏览 0.59

32. 发短信 / 社交媒体 0.56

33. 家务 / 杂事 / 自己动手 -0.65

34. 旅行 / 通勤 -1.47

35. 参加会议、课堂 -1.5

36. 管理 / 组织 -2.45

37. 等待 / 排队 -3.51

38. 照顾或帮助成年人 -4.3

39. 工作 / 学习 -5.43

40. 卧病在床 -20.4

在看的时候要注意，这个研究是在西方国家进行的，和我们国家大部分人的喜好还是有很多差别的，但我们还是可以注意到一些共同点。比如：

5 项活动的快乐程度被人们普遍低估了——

1. 去博物馆参观展览，8.77 分；

2. 参加体育运动，8.12 分；

3. 饮酒，5.73 分；

4. 园艺，7.83 分；

5. 出门购物和跑腿，2.74 分。

这些大都是需要我们“动起来”的活动。

另有 5 项活动的快乐程度则是被高估了，我们以为做这些事很快乐，实际上并没有那么快乐。

1. 睡觉、休息和放松，1.08 分；

2. 玩电脑和手机游戏，2.39 分；

3. 看电视、电影，2.55 分；

4. 吃饭和吃零食，2.38 分；

5. 上网浏览，0.59 分。

这些都是比较静止的活动，不消耗太多能量。

还记得我们在讲“硬件脑”的时候讲过，我们都是狩猎采集者吗？中等强度的运动，才是我们身体的默认设置，因此我们的第二个设计也呼之欲出了，那就是：花更多时间，多做一些更积极主动的，能让自己动起来的事。

而如果不得不做一些静止不动的，甚至是令人难受的事，比如加班，那怎么办呢？按照上面的量表，你就可以采用一些策略了，比如加班的时候和喜欢的同事一起加班，干活的时候让朋友陪陪，做一点正负抵消。这样的组合拳，能有多大效果呢？对此，研究者还真有数据。

如果你只是工作，快乐程度是 −5.43 分；

在家工作，就变成了 3.59 分；

边听音乐边工作是 3.94 分；

与朋友一起工作，注意，必须是真的朋友，那就有 6.25 分！

朋友在场，工作就跟玩一样快乐了。

研究者还计算了相对于一个人独处，如果是跟以下这些人在一起，人的快乐程度发生的改变是多少——

1. 有浪漫关系的伙伴 +4.51
2. 朋友 +4.38
3. 儿童 +0.27
4. 其他家庭成员 +0.75
5. 同事和同学 −0.29
6. 客户、顾客 +0.43
7. 认识的其他人士 −0.83

有些人只要在，你的快乐就会增加。

而和朋友一样，大自然会让人快乐加分：在海边你的快乐程度是最高的，+6.02 分，山地是 +2.71 分，林地 +2.12 分。

朋友和大自然的效应能叠加吗？说实话，我不知道。我想，因为离子通道的存在，即使是再强烈的快乐，我们最终也都会归于平静吧，但我们的确可以通过一些科学策略让快乐更多一些，痛苦更少一点，这样有控制感的人生，不是更美妙吗？

也许我们仍然没法改变日常感官上的错觉：我们常常感到快乐如同昙花一现，痛苦则如影随形。然而，这种感觉可能源于我们对快乐和痛苦的理解和体验方式不同。快乐和痛苦是生命不可分割的一部分，它们不是相互排斥的，而是相互依存的。通过理解和接受这一点，我们可以更好地欣赏生活的每一个瞬间，无论是快乐的，还是痛苦的。

毕竟生活不是绞尽脑汁地避免痛苦，而是学会在痛苦和快乐中找到平衡和意义。

# 参考文献

[1] Baumeister, R. F., Bratslavsky, E., Finkenauer, C., & Vohs, K. D. (2001). "Bad is stronger than good." *Review of General Psychology*, 5(4), 323-370.

[2] Rozin, P., & Royzman, E. B. (2001). "Negativity bias, negativity dominance, and contagion." *Personality and Social Psychology Review*, 5(4), 296-320.

[3] Cacioppo, J. T., & Gardner, W. L. (1999). "Emotion." *Annual Review of Psychology*, 50(1), 191-214.

[4] Brickman, P., Coates, D., & Janoff-Bulman, R. (1978). "Lottery winners and accident victims: Is happiness relative?" *Journal of Personality and Social Psychology*, 36(8), 917-927. https://doi.org/10.1037//0022-3514.36.8.917

[5] Research related to the peak-end rule: "The peak-end rule-Sketchplanations."

# 焦虑

## 焦虑是如何一步一步毁掉我们的？

### 焦虑小镇

一个闭塞的小村庄，突然来了一大批总统特使，原来这个小村庄被选中代表这个国家去参加“世界幸福小镇大赛”，这个大赛 4 年一次，举世瞩目。为此，总统派了不少专家过来进行特别辅导。专家们也非常专业，一进入村庄，就给家家户户男女老少都戴上了一个手环，这个手环呢，可以实时记录人的焦虑程度，并且和云端同步，同时专家也驻扎在了村里，随时为村民进行心理辅导。但是一个月后，小镇的焦虑水平，居然上升了！

怎么回事呢？专家调查之后发现，原来真相出在一个实习生身上——他偷偷向村民透露了这个手环上的数字，是要去和全世界的国家 PK 的，而目前，这个村庄的排名有点靠后，就是因为知道了这个成绩，村民们的焦虑感上升了。

那可怎么办呢？专家立刻召集村民，安抚大家。

——专家话音刚落，手环显示，村民们的焦虑值达到顶点。

故事讲到这里，一定有人气得拍桌子：

这样的吐槽没错，但这个故事里，其实还暗含了一个焦虑的根本原因——时间感。

你们还记得村民的焦虑水平第一次上升是在什么时候吗？是在知道了自己成绩的时候。他们是在为过去焦虑。而第二次焦虑水平上升又是在什么时候呢？没错，是在准备决赛的时候，他们又在为未来而焦虑。过去让我们后悔，未来让我们担心，这就是佛学中的“猴心”，也叫“Monkey Mind”。我们每天会产生6万多个念头，这些念头不是在过去，就是在未来，而很少安驻在当下。

不在当下，就是我们痛苦的源头。

那我们该怎么办呢？这就引出了我们应对焦虑的第一个办法：时间配比。

假如把我们的念头分为回忆过去、沉浸现在和思考未来，那么你估计，每一项的占比是多少呢？

美国心理学会前主席津巴多，曾经把这三者分成了6种时间观：

过去积极：怀念美好，喜欢翻照片、过节。1-10

过去消极：常后悔“要是当时……”。1-10

现在享乐：享受现在，比如及时行乐。1-10

现在宿命：活在当下，但认为命运已定，人再努力也没用。1-10

未来导向：看重未来，爱计划，不拖延，相信计划可行。1-10

超越未来：多为宗教人士，关注今生努力对来生的作用。1-10

你可以用 1（完全不是我）到 10（说的就是我）给自己打个分，做一个大致的了解。请注意，不管你目前如何分配时间，都只是目前的你。请记住，时间配比是可以改变的，而改变了时间配比，也就改变了你的命运。

那我们可以如何调整呢？那就是把更多的配比，放回当下。

具体怎么做？我有三个建议。

第一个建议，把时间给爱的人 = 获得双倍时间。

时间是我们拥有的最珍贵的礼物，要学会把它送人，送给你生命中重要的人，他们可能是家人、朋友，也可能是你自己。在爱的人身上花时间，看似时间是被送走了，很多人会觉得不划算，但他们不知道，这些时间是你获得的时间，而且获得的是双倍。

因为这是让生命得到充电和再生的时间，这种愉悦感会平衡掉很多工作时产生的焦虑，改善你的情绪和激素分泌水平。

第二个建议，只做一件事。

现在我们很多人都有订计划、写清单的习惯，但很多人不知道，目标越多、越复杂，你就会花越多的时间在制定和调整目标上，这其实是一种内耗。

那怎么办？请问自己一个问题：如果我今天只能做一件事，那是什么事？你会发现，这一定是重要到没法不做的事，可能是写论文，也可能是向朋友道歉，请把它写下来，排除万难，只做那一件事！这能让你夺回专注力，收获幸福感。当然，我没有说那些紧急的小事不能做，比如付房租、开会，但这些应该用另一个清单列出来，而你知道，那个清单和这“一件事”的重量是不一样的！这才是你的第一优先级。

第三个建议，现在就做！

如果你经常停留在做计划，或者自我谴责、怀疑等情绪中，并且觉得自己很忙，那么这个忙就叫作“心忙”。

比如，看到屋子里好乱，心想，等下朋友来了会不会觉得我生活没有秩序？然后手机搜索上门清洁服务，却找不到好的保洁阿姨，或者好的保洁阿姨太贵，各种纠结。其实这个时候最简单的方法就是拿起拖把或者抹布，从你认为乱的地方开始整理，有一点改变是一点改变，把担忧变成行动，而不只是想象。

## 丹尼的故事

有个人名叫丹尼·史密斯，他曾经是《大西洋月刊》的编辑，这是一本全球知名的杂志，他也曾做过大学讲师，现在是一位职业作家。你可能觉得他的生活肯定很好，妥妥的中产，但很多人不知道，他生命中的大多数时间，都在对抗焦虑症。焦虑症和我们平时的“焦虑情绪”不一样，除了心理上的焦虑，患者在生理上也会出现肌肉紧张、发抖、出汗、头晕、心悸、肠胃痉挛等不适反应。丹尼能焦虑到什么程度呢？他曾经因为对大学生活感到紧张，每天要打两三个电话给父母，要退学，甚至把 10 个手指头全都咬破了，然后再全部贴上创可贴。他曾经因为自己的文章受到争议，焦虑到汗如雨下，每隔 1 个小时就要到卫生间清理汗水，他要崩溃了，要从《大西洋月刊》辞职。他还曾经因为和女朋友去陌生的地方旅行，人生地不熟，焦虑到女朋友也不要了，直接分手。

而丹尼的妈妈，恰好是一位研究焦虑症的专家，她不停地帮他找医生，也尝试用各种疗法帮助丹尼。

第一种是呼吸放松法，深呼吸的同时把注意力放在呼吸上。这一招你也可以试试，不用刻意呼吸，而是去观察呼吸，感受呼吸的律动，丹尼妈妈就很受用这招（注意，丹尼全家都有焦虑症，妈妈也不例外），呼吸放松法也是目前对付焦虑应用最广泛的一种科学方法，但丹尼不行，他在呼吸的时候可以暂时冷静，但结束了，就继续发作。

第二种是精神分析法，这一般需要揭开童年的创伤。妈妈想起来，丹尼小时候差点溺水，然后怕水怕了很长一段时间，丹尼觉得，他的焦虑有可能就是从溺水开始的，但知道了这个信息，也没法解决现在的障碍。

第三种叫“满贯疗法”，强行让他接触自己害怕的东西。注意，这种疗法现在一般都不用了，而是采用比较缓慢温和的疗法，一次一次逐渐面对害怕的东西来减轻焦虑，叫“等级暴露疗法”。那这个对丹尼有用吗？仍然没有。

请注意，这些疗法对丹尼没用并不表示这些疗法本身不行，只是不同的人对疗法的耐受性不一样罢了。那么，最终哪种疗法对丹尼起作用了呢？答案是遇到第六位治疗师时采用的“认知疗法”，开创者被认为是阿尔伯特·艾利斯，他的核心理论是 A×B=C。其中 A 代表已经发生的事实（activating event）。比如，看到桌上有半杯水，这是事实。B 就是 beliefs，代表你固有的信念，如果我们拿人工智能来举例子，每个人都是一套算法，同样一件事情发生，不同的算法，会得出不同的结果。比如半杯水对一些人来说是：哇哦，还有水呢！对另一些人来说则是：唉，只剩半杯。而结果，就是 C 了，consequence。A 是无法改变的客观事实，想让 C 变好，那就只能调整 B 了，这就是我们这套算法的核心，但就是这个 B，恰恰是最难改变的。

那么怎么办？我们得把它识别出来。而“识别”就像是一把神奇狙击枪，在瞄准的同时，它就会自动扣下扳机，狙击掉错误的信念，就在转瞬之间。

关键的问题来了，我们又怎么识别呢？

第一种方法，叫区分 AB。

我们说了 A 是事实，仅仅是事实，而 B 是信念，很多人则在第一步就搞错了。比如，女朋友半天没回我信息，她一定是不爱我了。这个想法里，不回信息是事实，不爱“我”只是“我”的信念。这里我建议，用 AB 对折页的方法来加以识别——当你焦虑的时候，拿一张纸对折，左边写上事实，右边写上信念。这种方法很基础，却很有效。

第二种方法，叫识别无效行为。

还记得丹尼吗，他因为对大学生活感到紧张，焦虑得咬手指，疯狂给父母打电话。旁观者知道这是无效行为，是在内耗，但丹尼并不知道，丹尼如何才能点醒他自己呢？

关键就在于问自己一个问题：

我这么做到底是减轻了我的焦虑，让我更愿意、更敢于去从事那项活动（比如，更加融入大学生活），还是加剧了我的焦虑，让我更不愿意去从事那项活动呢？这么一问，答案会自动浮现出来。

第三种方法，叫识别思维误区。

以下几种就是焦虑爆发时的常见思维误区，它们有时候还会结伴出现。

灾难思维：经常想象事情出现灾难性的后果。

过滤思维：只看到负面的信息，自动过滤积极的方面。

——甲方对我的这个提案不够满意啊。

——欸，甲方不是说你的创意很好吗？

极化思维：非黑即白地看待事物，缺乏中间态度。

过度泛化：将一个特定情况的经验过度推广到其他所有情境。

背景提示：他其实只晕过一次车。

假定他人的想法：认为别人对自己有负面评价，尽管没有证据。

“应该”“必须”句：对自己和他人设定过高的、难以达到的标准，导致不必要的焦虑。

第四种方法，也是我最推荐的一种方法，叫贴上情感标签。

北卡罗来纳大学的心理学教授克里斯蒂安·沃夫领导的研究组近年有一个发现：如果你想消解一个负面情绪，或者你想巩固一个正面情绪，其实有一个最简单、最有效的办法，那就是问一个问题：

How do you feel?（你感觉如何？）

很多人一听这话当即大呼失望，这不是心理咨询师常问的话吗？有用吗？而且去心理咨询也好，找朋友说烦恼也好，我是去问他们要意见的，我还希望他们能一语惊醒梦中人呢，他们不应该多来分析分析我吗？

错，如果这个“点醒”是从他们嘴里说出来的，那很可能适得其反，这感觉必须是从我们嘴里说出来的，这又是为什么呢？我们来看一个实验。

实验中让受试者看一组引发负面情绪的图片，比如贫困的儿童、很凶的狗。一组人被要求给每张图片打上情绪标签，例如恐惧或者悲伤等；另一组的人则不打情绪标签，只贴一些内容标签，比如图像里有小孩、有狗之类。看完后，实验人员会测试每个受试者负面情绪的强弱程度。

结果那些打情绪标签的人，负面情绪明显降低。神奇的地方就在这里，当你意识到自己有负面情绪，明确标记了负面情绪的时候，你的负面情绪立即就减轻了。

而更有意思的是，如果对积极的、快乐的正面情绪也打标签，结果是不但不会减轻正面情绪，还会巩固它们。

那这是什么原理呢？

对于负面情绪，一旦你明确说出来了，你就明白，这只是情绪，情绪不是事实，而标记情绪这个动作，让你给自己增加了一点确定性，这个确定性马上会让你的感觉变好。

而正面情绪本来是短暂的，要是没抓住，它自己就消失了。

那么当你标记一个正面情绪的时候，它就没有那么容易飘走了，能在你的大脑里多停留一会儿，所以你的感觉也会更好。

研究者还建议：当我们标记情绪的时候，情绪的颗粒度越细腻越好，比如我感到“愤怒”，再细腻一点可以是“我觉得想打人”“我很懊恼自己为什么没早点反应”，这样的标签就更加细腻。他们还建议，有负面情绪时最好有个倾诉对象，比如亲友，这样效果会更好，如果没有人说，也要写下来。这就是我一直会看 B 站的私信，也接纳大家把想法写给我的原因，就算没有人说，我也一直都在。

总结一下，针对焦虑我们介绍了时间配比，并给出了三个建议：

把时间给爱的人 = 获得双倍时间

只做一件事

现在就做

对于重度焦虑症，我们讲了认知疗法和识别信念的四种方法：

区分 AB

识别无效行为

识别思维误区

贴上情感标签

希望你可以慢慢来，一种一种地进行实践，期待看到你的改变。

# 参考文献


[1] Kabat-Zinn, J. (1994). "Wherever You Go, There You Are: Mindfulness Meditation in Everyday Life." Hyperion.

[2] Ellis, A., & Harper, R. A. (1975). "A New Guide to Rational Living." Prentice-Hall.

[3] Beck, A. T. (1976). "Cognitive Therapy and the Emotional Disorders." International Universities Press.

[4] Csikszentmihalyi, M. (1997). "Finding Flow: The Psychology of Engagement with Everyday Life." Basic Books.

[5] Hayes, S. C., Strosahl, K. D., & Wilson, K. G. (1999). "Acceptance and Commitment Therapy: An Experiential Approach to Behavior Change." Guilford Press.

[6] Barlow, D. H. (2002). "Anxiety and Its Disorders: The Nature and Treatment of Anxiety and Panic." Guilford Press.

[7] Seligman, M. E. P. (2002). "Authentic Happiness: Using the New Positive Psychology to Realize Your Potential for Lasting Fulfillment." Free Press.

[8] Goleman, D. (1995). "Emotional Intelligence." Bantam Books.

[9] Linehan, M. M. (1993). "Cognitive-Behavioral Treatment of Borderline Personality Disorder." Guilford Press.

[10] Burns, D. D. (1980). "Feeling Good: The New Mood Therapy." William Morrow and Company.

[11] Kabat-Zinn, J. (1990). "Full Catastrophe Living: Using the Wisdom of Your Body and Mind to Face Stress, Pain, and Illness." Delacorte.

[12] Young, J. E., & Klosko, J. S. (1993). "Reinventing Your Life: The Breakthrough Program to End Negative Behavior and Feel Great Again." Plume.

[13] Tolle, E. (1999). "The Power of Now: A Guide to Spiritual Enlightenment." New World Library.

[14] Chödrön, P. (2000). "When Things Fall Apart: Heart Advice for Difficult Times." Shambhala.

[15] Selye, H. (1976). "The Stress of Life." McGraw-Hill.

[16] Beck, J. S. (1995). "Cognitive Therapy: Basics and Beyond." Guilford Press.

[17] Frankl, V. E. (1984). "Man' s Search for Meaning." Washington Square Press.

[18] Csikszentmihalyi, M. (1990). "Flow: The Psychology of Optimal Experience." Harper & Row.

[19] Schwartz, T. (1995). "What Really Matters: Searching for Wisdom in America." Bantam Books.

[20] Gilbert, P. (2009). "The Compassionate Mind." New Harbinger Publications.

[21] Greenberger, D., & Padesky, C. A. (1995). "Mind Over Mood: Change How You Feel by Changing the Way You Think." Guilford Press.

[22] Yalom, I. D. (1980). "Existential Psychotherapy." Basic

Books.

[23] Zimbardo, P. G., & Boyd, J. N. (1999). "The Time Paradox: The New Psychology of Time That Will Change Your Life." Free Press.

[24] Hayes, S. C., & Smith, S. (2005). "Get Out of Your Mind and Into Your Life: The New Acceptance and Commitment Therapy." New Harbinger Publications.

[25] Brown, B. (2012). "Daring Greatly: How the Courage to Be Vulnerable Transforms the Way We Live, Love, Parent, and Lead." Gotham Books.

# 幸福

## 获得长久的幸福有公式吗？

### 老马和小贝

故事的主人公是两位音乐家：一位叫老马（戴夫 · 马斯泰恩，Dave Mustaine），是个吉他手；一位叫小贝（彼得 · 贝斯特，Pete Best），是披头士乐队的鼓手。他们虽是不同年代的人，却有着相同的遭遇：无缘无故、毫无征兆地被自己的乐队给踢走了。为此，两个人都经历了一段很痛苦的日子。

但后来，命运的齿轮开始往相反的方向转动：先看老马，他发誓要组建一个家喻户晓的新乐队，让踢走他的那帮人刮目相看。最终，他的愿望实现了，他组建的麦加帝斯乐队，成为具有传奇色彩的重金属乐队，在乐坛写下了浓墨重彩的一笔。再看小贝，他并没有上演自我救赎的好戏，被踢了以后呢，就默默地退出了乐坛，回头再看，泯然众人矣。

听到这儿，有人会说，做人还是要学老马呀，今天对我爱搭不理，明天叫你高攀不起！可事实上，多年以后，老马含着泪说，他仍然是个失败者。在他心中，自己永远都是那个被驱逐出门的人。而小贝却说，他很高兴没有和乐队搅在一起，因为被乐队开除后，他遇到了现在的妻子，然后他们结婚生子，有了一个充满爱的家庭。

你觉得，他们两个人，到底是谁获得的幸福更多呢？

我们都想要幸福，但什么是幸福呢？积极心理学之父塞利格曼曾经说，无论人们把幸福定义成个人的自我实现，还是家庭的责任，或者社会贡献，归根结底它就是一种主观的、内在的愉快感觉，对应的都是大致相同的神经活动。

既然幸福是一种感觉，想要一种长久的、好的感觉，有没有什么解法或公式呢？

塞利格曼就会接着回答，有公式，他还真的提出了一个幸福公式，那就是：

长久的幸福 = 上限 + 条件 + 能动（$H = S + C + V$）

$H$ = 幸福持久度；$S$ = 上限；$C$ = 条件；$V$ = 能动。

这个公式是什么意思呢？

我们先看第一个因素“上限”，是指一个人先天的对于幸福的敏感度。有的人 S 很高，一遇到好事就感觉幸福感爆棚，还能持续很久；但也有的人很不敏感，即使取得了很高的成就，内心也只会掀起一点点波澜。

## 开心不起来的大雷

你身边有这样的人吗？塞利格曼身边就有一个，名叫大雷，是位典型的成功人士，很年轻就做了证券交易公司总裁，长得帅，口才棒，就连玩游戏都玩得比别人好，得过好几次桥牌冠军，但是大雷的幸福敏感度很低，很难体验到积极的情绪。有一次他拿到了全美桥牌冠军，他的反应是什么呢？是嘴角闪现过一丝微笑，然后一个人逃到没人的地方看电视去了。所以他跟女生交往就很困难，女生都觉得：

——你怎么总是一副开心不起来的样子呀？

——我欠你钱啊？

——和你在一起好没劲啊！

然后大雷就去找塞利格曼，塞利格曼就把他“治”好了。注意，这个“治”是打引号的，因为他根本没病，塞利格曼只是跟他说，你住到北欧去吧，那里的人普遍比较内敛，你在那里会比较适应。

大雷问：我难道不用治疗吗？

塞利格曼：你根本没病，幸福的敏感度是基因决定的，你改变不了，也不用改变。

然后，大雷就真的搬过去了，工作交友，结婚生子，非常幸福。

这时，可能会有人说：

——我就是那个大雷，这样我不是很不幸吗？人家开心得要命，我一个人在那儿嘴角一丝微笑，默默看电视，不是变成怪胎了吗？

但你仔细想想，大雷这样的个性真的是劣势吗？你品品大雷最擅长的那些事情，在牌桌上叫牌的时候、在跟人谈生意的时候、在开董事会的时候，他的“开心不起来”就变成了城府很深、不动声色，这其实也是一件很厉害的武器呢。

这个“上限”到底能在多大程度上决定我们的幸福度呢？

塞利格曼给出的数据是 40% ~ 50%，我对这个数据并没有找到什么坚实的佐证，所以我觉得“上限”给我们更大的启示反而是：我就是我，不一样的烟火，不论上限是高是低，都只是特点，不是缺点。我们可以把上限当作一个幸福蓄水池，有人的池子大，有人的池子小，但只要池子是满的，不照样可以幸福吗？那怎么样才能把池子灌满呢？我们需要看后面两个因素，它们就像两根水管，不断地往池子里注水。

## 越有钱就越幸福吗？

我们先看第一根水管：条件，具体来说，就是财富、婚姻状况、社交生活、年龄、受教育程度等生活的客观条件。之前，塞利格曼给上限的重要性打了40%，那么你猜，他对条件的重要性，会打几分呢？ A 15%，B 35%，C 55%，你可以盲猜一下，再看研究结果。

我们先看财富这个条件：《思考，快与慢》的作者丹尼尔·卡尼曼和他的合作者曾经在2010年，利用45万人的调查数据，研究了收入和幸福的关系，结果发现了一个有趣的现象：一个人的幸福程度确实和收入多少有关，但具体是这样子的：

如果你属于收入比较低的1/3的人，那么钱越多，痛苦和压力就越少，也就是钱越多越幸福。

如果你属于收入中等的1/3的人，比如小中产，那么钱越多，幸福感依然可以增强，但是这个增强的幅度，已经大大缩水了。

如果你进入了前1/3的高收入群体，那么钱和幸福就没有关系了，拥有更多的钱，也不一定获得更多的幸福。

说完财富，那婚姻呢？在这一点上经济学家和心理学家其实是稍有分歧的，但两者的共识是，婚姻不那么重要，好的人际关系更重要，而这将会在之后的内容里介绍。

那年龄呢？我们的常识总是觉得随着年龄增长、身体机能下降，年纪越大幸福感应该越少，但其实，心理学家曾对40个国家的6万名成年人进行了调查，结果显示，随着年龄的增长，人们的幸福感反而呈上升的趋势。和年轻人相比，老年人的情绪波动较小，他们很少欣喜若狂，也很少万念俱灰，他们的幸福感稳定在比年轻人稍高点的水平线上。

塞利格曼还分析了受教育程度、种族、性别，以及居住地的气候这些条件对幸福的影响。结果很让人惊讶，这些条件对幸福的影响都微乎其微。

那么总体来说，这个 C，也就是生活条件，对我们的幸福到底有多大影响呢？塞利格曼综合了我们刚才说到的所有数据，算出来一个结果，认为在 8% ~ 15%。但我根据当前最新的研究，比对了心理学家和其他学科研究者的矛盾和共识，觉得老爷子多少有点低估生活条件的影响了，但它的重要性的的确确比我们想象中要低很多。特别是财富、婚姻、年龄，这些都是我们一提到幸福就会想到的因素，没想到它们加在一起，也只会对我们的幸福产生一至两成的影响。而我们要想优化这些条件，需要花费的成本可是不小的，想想有多少人为此付出了毕生的努力，觉得“只要有钱了，我就能幸福了”“结了婚，我就能好起来”“要是我再年轻 10 岁就好了”，可能都是绕了远路了。

那么，S（上限）改不了，C（条件）的影响不大，最能影响我们的，就只剩下 V（能动）了，也就是我们自己能够掌控的因素。

那我们又怎么控制 V 呢？其实，答案在上一节中就已经剧透了，就在我们的时间感当中，也就是我们如何看待过去、当下和未来。

上一节说焦虑的时候，我介绍了如何才能把注意力更多地拉回到当下，那么今天，我们就说说过去和未来。

# 罪犯与议员

后悔的选择、痛苦的过去、难熬的原生家庭、被霸凌的童年，这些遭遇会影响我们一生吗？如果我就正好经历了以上这些，我就没救了吗？当然不是！很多人都知道一个词叫“创伤后应激障碍”(Post-traumatic Stress Disorder，PTSD)，并以此为借口，说我就是有阴影了，没救了。但很少人知道还有一个词，叫“创伤后成长”(Post-traumatic Growth，PTG)，是指人在经历了创伤性事件后，在与之进行抗争过程中所体验到的心理上的积极变化。

——我不是受害者，我是幸存者，杀不死我的只会让我更强大，即使是丑陋地挣扎着，我也能活到最后！

2017 年中国一项研究发现，“创伤后成长”的概率是 52.6%。也就是说，有一半多的人在经历创伤之后，其实并没有消沉，反而得到了成长。

那么，怎么从“创伤障碍”变成“创伤成长”呢？其中的关键，就在于对创伤的“解读”上。

过去发生的事实，无法改变，但对事实的解读却是可以改变的。现实中就有这样一对兄弟，在贫穷的环境下长大，哥哥叫詹姆，弟弟叫威廉，他们的父亲经常殴打他们和他们的母亲，这就是个无法改变的客观事实，但兄弟俩却对此有不同的解读。

哥哥觉得，父亲对我是恶意的，世界对我是有敌意的。于是，他的行动是用更大的敌意来报复敌意，他长大后，成了波士顿的犯罪之王，牵涉各种罪行，包括敲诈勒索、贩毒谋杀，逃亡了整整 16 年，2011 年被捕。最后，他在监狱中被人谋杀。而弟弟对不幸的解读则是，父亲是卑微弱小的，他不懂如何释放自己的负面情绪，这个环境不好，但外面的环境是好的，所以他的行动是走出现有的环境。他通过读书，考上了大学，离开了社区，成为马萨诸塞州的政治家，在州议会工作了多年，最后，还成为马萨诸塞大学的校长。

关于如何解读过去，我这里有一个小练习，建议你每天都做一下：写“感恩日记”。每天写下“三个感恩”，这个感恩的对象，可以是今天给自己做了顿好吃的这样的小成就，也可以是妈妈爱我这样恒常不变却温暖的事实。

请不要小看这个日记，它已经获得了大量的心理学研究的实证，对包括幸福感的提升、情绪的改善、关系的缓解，甚至健康和睡眠都有积极影响。目前对此的研究还在不断增加当中。

## 我们都是蹩脚的预言家

说完了过去，我们来说说未来。近年来，在脑科学界兴起了一个很热的理论，叫作“大脑的预测编码理论”，意思是说人类的大脑并不是像大家一般以为的那样被动地对世界做出反应，而是会主动地对世界做出预测，然后不断地调整自己的预测模型，使它越来越准确。

这有点儿像海豚的声呐系统，先发出声呐波，就是大脑的预测，再根据回声，调整自己的预测，这么来回反复。

海豚的声呐来来回回

如果你不信，可以做个实验。

现在，请你打开任意一个浏览器，搜索“白金蓝黑裙子”在不同光线下的对比图。你会发现，同一条裙子，在阳光下看起来是白黄相间的，在较暗的室内看起来是蓝黑相间的。

关键就在于，大脑在看裙子之前，先预测了你是在室内，还是在室外。这里的神奇之处在于，你并没有告诉自己这是在“室内”还是“室外”——你对颜色的感知是完全自动的，是在生成意识之前完成的。

所以，我们都是预言家，我们认识世界的方法，是先预测，然后根据反馈调整预测。而值得注意的是，大脑的预测编码不仅仅体现在听觉、视觉上，它对我们的情绪、想法和行动都有根本性的影响。

由于大脑在绝大多数情况下会按照自己已经建立好的模型去预测，所以如果你建立的是一个积极的模型，那你就会有比较积极的情绪、认知和行动；如果你的模型比较消极，那你的情绪、认知和行动也会比较消极。

但好消息是，这个模型是可以改变的，面对未来，我们完全可以给自己的大脑主动建模，把它引导到想要的方向去。

比如，我最推崇的一种模型，叫“威胁—挑战”模型。故事要从一群妈妈说起。

## 越战越勇的神奇妈妈

有一位心理压力的研究者，叫埃佩尔。她注意到，那些长期照顾家里生病的小孩的妈妈，看上去都老得特别快，似乎是生活压力导致了衰老加速。

埃佩尔听说了一个叫端粒的研究，什么是端粒呢？就是我们染色体两头的端点部分，我们从成长到衰老的过程要复制DNA，每复制一次，端粒就消耗一点点，所以她就打算去测量一下这些妈妈的端粒长度。

染色体的端粒

不测不知道，一测吓一跳。

总体来说，一个母亲照顾孩子的时间越长，她的端粒长度就越短。这和埃佩尔的预测是一样的，可奇怪的是，她还发现，有一些母亲照顾孩子时间也很长，但是端粒似乎并没有缩短太多。这些神奇妈妈是怎么回事呢？

她进行了更多的研究，结果发现，导致这种区别的原因并不在于压力本身的大小，家里有生病的孩子，这些母亲客观承受的压力都差不多，医药费、时间、自己的工作、小孩的看护，都是麻烦的事，但神奇妈妈的不同点在哪里呢？

在于她们对压力的解读！

大多数妈妈对压力的解读，是把它当作“威胁”。

——为什么医药费那么贵？

——为什么时间那么少？

——为什么孩子不听话？

而神奇妈妈对压力的解读，则是“挑战”。

——我倒要看看这笔钱我能不能省出来！

——好吧，就 5 分钟，看看我能做完多少事！

——让我想想，我要用什么策略才能让孩子安静下来呢？

被威胁压垮的妈妈

当你把未来当作威胁时，你的血管会收缩，你的血流速度会减慢。你的肾上腺会释放皮质醇，给你带来更多的葡萄糖。你的心率加快、血压升高、迷走神经活动减弱。你只想找个地方缩起来。

而当你把未来当作挑战时，你的心率还是会增加，你还是会释放皮质醇，可是你的血管没有收缩，你的血液中含氧量反而升高了，你现在有更多的血液流向大脑和四肢。你把全身的资源都调动起来，准备战斗——来吧，杀死我呀，杀不死我，就等着被我反杀吧！

准备战斗的妈妈

威胁还是挑战，到底用哪种模型思考，似乎仅在一念之间，但你的身体却实实在在会分泌不同的激素。从今天起，就让我们试试“威胁—挑战”模型吧！

## 最后满堂说

以下有两个练习，你可以任选一个，也可以两个练习一起做，请坚持一周，并观察自己的变化吧！

练习一：坚持一周，每天睡前写下三件值得感恩的事。

练习二：坚持一周，每天睡前写下一件可以把威胁变成挑战的事。

# 参考文献


[1] Emmons, R. A., & McCullough, M. E. (2003). "Counting blessings versus burdens: An experimental investigation of gratitude and subjective well-being in daily life." *Journal of Personality and Social Psychology*, 84(2), 377–389.

[2] Wood, A. M., Joseph, S., Lloyd, J., & Atkins, S. (2009). "Gratitude influences sleep through the mechanism of pre-sleep cognitions." *Journal of Psychosomatic Research*, 66(1), 43–48.

[3] Seligman, M. E., Steen, T. A., Park, N., & Peterson, C. (2005). "Positive psychology progress: Empirical validation of interventions." *American Psychologist*, 60(5), 410–421.

[4] Hill, P. L., Allemand, M., & Roberts, B. W. (2013). "Examining the pathways between gratitude and self-rated physical health across adulthood." *Personality and Individual Differences*, 54(1), 92–96.

[5] Algoe, S.B., Gable, S. L., & Maisel, N. C. (2010). "It's the little things: Everyday gratitude as a booster shot for romantic relationships." *Personal Relationships*, 17(2), 217–233.

[6] 徐凡淳，阎瑞霞 . (2022). 积极老龄化背景下老年人的生活幸福感影响因素探究——基于中国综合社会调查数据的实证分析 .《应用数学进展》2022 年第 8 期 6070–6078.

[7] Yang, Y. (2008). "Social inequalities in happiness in the United States, 1972 to 2004: An age-period-cohort

analysis." *American Sociological Review*, 73(2), 204–226. DOI:10.1177/000312240807300202

[8] Schwarz, N., & Stone, A. (n.d.). "Happiness over the life span: Not a downhill ride after all." *USC Dornsife.* Retrieved from USC Dornsife.

[9] Seligman, M. E. P., & Roepke, A. M. (2015). "Mechanisms of posttraumatic growth: How 'gates' open after adversity." *The Journal of Positive Psychology*, 10(2), 107–115. DOI:10.1080/17439760.2014.913669

[10] Seligman, M. (2015). "Chris Peterson's unfinished masterwork: The real mental illness." *The Journal of Positive Psychology: Special Issue in Memory of Chris Peterson*, 10(1), 3–6. DOI:10.1080/17439760.2014.888582

# 关系

## 痛苦的来源是人际关系吗？

在上一节介绍幸福公式的时候，我们留下了一个小问题：婚姻对幸福的影响到底大不大？其实在这一点上，经济学家和心理学家的研究结果是稍有分歧的，但两者的共识是，婚姻不那么重要，好的人际关系更重要。那么我们现在就来讲讲人际关系。

哈佛大学一项持续 70 年的跟踪研究，分析了 2000 多人一生的成长轨迹，就是想知道什么样的人生能让我们健康和幸福。主持这项研究的乔治 · 维兰特（心理分析专家、精神病学家，哈佛大学教授）认为：最终决定人们内心是否有充足幸福感的，是我们与周围人之间的关系。具体来说可以总结为三点。

首先，孤独寂寞有害健康。那些“被孤立”的人，很多刚到中年，就被发现健康状况和大脑功能下降得更快，纵观一生，他们也没有那么长寿。

其次，关系质量重于数量。朋友多不多、结没结婚，这都不是最关键的要素。最让人感到受伤和不幸的，是人生中的矛盾、争吵和冷战。互相伤害、没有爱的婚姻，带来的危害甚至会比离婚更大。

最后，好的人际关系还可以保护我们的大脑。如果在 80 多岁时，你有婚姻，两人还挺恩爱的，或者你没有结婚，却拥有一个可以把后背交付予他的伙伴，知道对方在关键时刻能指望得上，那么恭喜你，你的记忆力不容易衰退。反过来，那些无法信任另一半的人，大脑很快就会走下坡路。

此外，这项研究还有个很有启发的结论：

他们发现智商在 110 ～ 115 的人与 150 以上的人，在收入上没有明显差别。注意，人的平均智商是 100 左右，如果你觉得自己比较聪明，也就是智商在 110 左右的水准，那么，你在金钱上的成功就和智商无关了，而主要取决于你处理人际关系的能力。

在美国，一个拥有“温暖的人际关系”的人，在他人生的收入顶峰（一般是 55 到 60 岁）能比平均水平的人每年多赚 14 万美元，这可相当于 100 多万元人民币。

看完这个研究，我不禁想起了心理学家阿德勒曾经说过的话：一切烦恼都来自人际关系，但一切的幸福也都来自人际关系。那问题来了，我们怎样做，才能让“关系”变成我们幸福的源头，而不是内耗的发动机呢?

## 都是你的错 VS 都是我的错

有一天，一位心理咨询师接待了一对夫妇，妻子一进门就开始哭诉她的丈夫出轨，而丈夫呢，一声不吭地默默坐着。从妻子的叙述中我们知道，丈夫是一个医生，平时工作压力很大，妻子一个人要照顾两个孩子，也非常辛苦，两个人每天见面不超过半个小时，就要分开各自忙碌了。可见，这个出轨事件，是“冰冻三尺，非一日之寒”。而咨询师在观察他们一个多月以后发现，这两个人，无论他如何进行建议，都没办法发生任何实质性的改变，在这样的情况下，一条重要的线索终于被咨询师摸到了。

首先他发现这个妻子有个口头禅，叫作：都是你的错。夫妻俩遇到一件小事，妻子就会说：

“我早就说了，遇到事情要先想想自己的原因，你不听，怪谁呢？”

当咨询师有个小练习想要夫妻去做，妻子也会说：

“这我当然可以做到，我只要一个前提，就是他的态度也要温柔一点，也要好一点。”

这背后其实暴露了一个思想上的误区，就是没有从“关系”的视角看待事物。妻子看待事情的默认主语，不是“我”，而是“你”，这就容易造成甩锅，要求别人为我们的感受负责，从而巧妙地逃避自己在人际关系中的责任——如果责任是“你”的，那“我”自然不用改变什么了，所以两人的关系迟迟没有改善。所以妻子需要做的，是把“我”这个主语放进去。

而与妻子不同，这个丈夫天天在叨念的反而是：都是我的错。的确，出轨是他的不对，但两个人的关系是他一个人的责任吗？他甚至没有反思过自己的需求。有一个细节是，当咨询师问他准备怎么做时，他说他要断绝不正当的关系，要早点回家陪伴妻子，还要定期读书，健康饮食，适当运动。他给自己提了很多很多的要求，但咨询师却意识到，他的这些计划很可能会失败，因为里面只有他对自己的要求，却没有任何内容在满足他的需求。

这其实也暴露了丈夫的思维误区，就是没有边界感地扛责任，无视自己的需求，变成“背锅侠”，这样的做法不仅会让我们陷入负面情绪，还会损害彼此的关系。我们每个人都有爱，爱是给出去的、不求回报的东西，我们每个人也都有需求，需求是爱的反面，我们要爱别人，前提是先能满足自己的需求，至少要能发现自己的需求。

这对夫妻，看似一个是甩锅侠，一个是背锅侠，但他们的问题，其实是同一种问题，就是分不清什么是别人的事，什么是自己的事。但问题来了，很多亲密关系，都是你中有我，我中有你的，挚友、爱人、父母，尤其是如此，我们怎样才能分清楚，什么是别人的事，什么才是自己的事呢？

而智慧的关键就在这里。在心理学中，有一个专有名词叫作“课题分离”。这是心理学家阿德勒提出的理论，它说的是，解决人际关系的烦恼，关键在于要区分什么是你的课题，什么是我的课题，然后把各自的课题做好就可以了。怎么判断一个课题由谁负责呢？其实特别简单，就看行动的直接后果由谁来承担，谁承担直接后果，那就该由谁负责。

比如，老公提出要老婆帮他解决一个问题，老婆不答应，要不要解决问题是老公自己的课题，答不答应是老婆的课题，所以不答应完全没问题。但结果是，老婆因为这个事，一直耿耿于怀。

于是老婆就把老公给骂了一顿。注意，这个内疚感，到底是谁的课题？是老婆自己的课题啊，老婆当然可以劝老公以后少提这样的要求，但能不能改是老公的课题，怎么处理心里的不舒服，是老婆的课题。你学会了吗？

## 我的闭环，我的自洽

课题分离，是我们在处理人际关系中很重要的工具，但这时问题又来了，有人会说：

好了，现在我学会了课题分离，但对方没学会啊，难道我要跟他说你把 NOV 姐姐的课好好研读一下我再来跟你说话？

的确，如果关系中的两个人彼此都有良好的边界感，那就什么事儿都没有了。如果一个有，另一个没有，怎么办呢？我再给三个建议。

第一个建议：你的行动，你的思想，都应该在你自己身上形成闭环。比如说，我们给别人点赞的时候，就会不自觉地想要别人接受我们的赞扬，至少别是：

你向别人道歉，就会特别想让别人原谅你，至少别是：

但阿德勒的思想告诉我们这些都不重要，重要的是，你自己心里相信这么做是对的——做这件事，我的意义有了，我为自己的灵魂负责了。就比如你道歉，不用去关注是否能够得到原谅这个结果，而是关注“你自己想成为什么人”。你想从这件事上吸取哪些教训，获得哪些进步？你能不能获得自洽？你不用去控制对方是否原谅你，你只控制你自己。

## 关系百慕大

你有没有发现，还有一种典型的人际关系，常被戏称为“百慕大三角”。一般是 A 看 B 不爽，觉得 B 做的事情让自己成为受害者，但是 A 并没有直接跟 B 沟通，而是开始跟 C 诉苦，让他成为自己的拯救者。比如，妻子讨厌丈夫的某个细节，但是去跟孩子诉苦。又如，同学甲讨厌同学乙，就对同学丙说：你要真是我的朋友，就不要去理睬乙！这在心理学上常被称为：三角化。

而我的第二个建议就是，如果我们想要高质量的关系，就要警惕“关系百慕大”。相反，我们应该让关系更加简单。其中的关键就是坦诚。如果我们是感到不舒服的一方，那解决不舒服就是我们的课题了，我们可以找合适的时间地点和对方当面说清楚。如果我们是被议论的一方，我们可以考虑自己是否有做得不对的，明确表示自己乐于接受他人的意见，欢迎当面讨论。而如果我们是被拉进去的一方，那我的建议是：明确拒绝！你可以说：当事人不在场，我说三道四不合适，你们还是要多沟通，两个人说清楚。

我这个建议在初期来看，会得罪不少人，但是其实放在更长的时间上来看，这样做反而节省了大量的时间和精力，更加方便我们构建和维持高质量的人际关系。

## 含混的信任

还记得我们在本节开头说的研究吗？如果你在 80 岁的时

候，仍然拥有一个可以把自己的后背交付给对方的人，知道对方在关键时刻能指望得上，那你的记忆力就不容易衰退。这样的人，不论是挚友，还是爱人，你们之间都一定是一种非常信任的关系，而很多人一提到信任，就觉得肯定得是无条件地相信对方，不然怎么能叫信任呢？但其实，我们在谈论信任的时候，往往是很含混的。而我的建议是，信任不是含混的“一锅炖”，我们可以无条件地对对方表达理解，信任对方的意图或者动机，但是对对方的能力、性格等方面，则需要依据事实冷静评估后给予信任。

我们往往不需要和一个人达成全方位的合作。有的人可能适合一起合作共事，但未必适合作为私密的朋友；有的人可能适合和我们亲密为伴，但可能不适合做事业上的帮手；有的人可能会为我们的成长赋能，但未必适合听我们诉苦……所以我们需要判断一下，我们应该信任这个人的哪些方面，哪些方面可以互相帮助，哪些方面要适当地放手，积极地调整我们的人际关系，让它保持一个健康的状态。

## 最后满堂说

我常常会觉得，人其实很像一株植物：植物能长得多好，其实不仅仅看植物本身的基因，还要看周围的水土。人际关系其实就像是水土，在默默地滋养着或者损耗着我们。一个人一生的幸福其实是我们与周围的水土一起养育出来的花朵。

我们虽然无法切断人际关系对我们的影响，不过好在这是一个不断新陈代谢的过程。我们可以在自己的周围构建自己喜欢的人际关系，让它们来不断滋养我们，让好的关系内化进我们的身体，取代原本陈旧的声音，这样我们就可以越来越接近自己想要的模样，超越现有的极限。

最后，让我们一起来做一个练习：在遇到下一次冲突的时候，记录并分析一下，在这个冲突当中有哪些当事人，其中的各事物分别属于哪些人的课题。这个冲突如果没有发生在自己身上，那我们的分析可能会更加冷静，而如果正好发生在我们身上，那这个分析可能会更有挑战，对我们的触动和改变也会更大。期待大家能在练习中获得有意义的变化和神奇的自我发现。

# 参考文献

[1] Vaillant, G. E. (1977). *Adaptation to Life*. Little, Brown. Vaillant, G. E. (2002).

[2] *Aging Well: Surprising Guideposts to a Happier Life from the Landmark Harvard Study of Adult Development*. Little, Brown and Company. Vaillant, G. E. (2012).

[3] *Triumphs of Experience: The Men of the Harvard Grant Study*. Belknap Press.

[4] Harvard Gazette. (n.d.). "Over nearly 80 years, Harvard study has been showing how to live a healthy and happy life." Retrieved from. https://news.harvard.edu/gazette/story/2017/04/over-nearly-80-years-harvard-study-has-been-showing-how-to-live-a-healthy-and-happy-life/ Waldinger, R. (Director). (n.d.).

[5] "The Harvard Study of Adult Development." Retrieved from Massachusetts General Hospital website: https://www.massgeneral.org/

[6] Powell, A. (2012, February 2). "Decoding keys to a healthy life. Harvard Gazette." Retrieved from https://news.harvard.edu/gazette/story/2012/02/decoding-keys-to-a-healthy-life/

[7] *Harvard Medicine Magazine*. (2022, Autumn). "The Good Life." Retrieved from https://magazine.hms.harvard.edu/articles/good-life.

[8] Waldinger, R., & Schulz, M. (2022). "The Good Life: Lessons

from the World's Longest Scientific Study of Happiness." *Harvard Medicine Magazine*. Retrieved from https://magazine.hms.harvard.edu/articles/good-life Waldinger, R. (Director). (n.d.).

[9] "Over nearly 80 years, Harvard study has been showing how to live a healthy and happy life." *Harvard Gazette*. Retrieved from https://news.harvard.edu/gazette/story/2017/04/over-nearly-80-years-harvard-study-has-been-showing-how-to-live-a-healthy-and-happy-life/

# 亲密

## 恋爱容易相处难怎么办？

我在B站的私信和留言区，一直都会收到类似这样的问题：

——姐姐，我喜欢上了我的大学老师，我们的爱情会有结果吗？

——姐姐，我的那一位总是不愿意改变，我一直反复地退让，我要怎样才能改变TA呢？

——姐姐，我觉得现在一和她相处就会吵架，而且会生很久的气，我们怎样才能回到开始的状态呢？

——姐姐，我觉得我那位什么都好，就是有一个问题我极其受不了，如果TA不改，我是要继续，还是分手呢？

这些和亲密关系有关的问题看似千奇百怪，各有各的痛苦，但其实最关键的都是一个问题：为什么亲密关系那么难呢？究竟是我选错了人呢，还是我不会与对方相处呢？今天我们就用科学方法，一起来盘一盘。

## 为什么我总是“选错人”？

假如你现在单身，想找个对象，有人问你，你找对象，最看重什么？一般人会这么说：

或者这么说：

大家的要求多低啊！这么低的要求，居然还有这么多人求而不得，或者得到了却很痛苦，这到底是哪里出了问题啊？

问题就在于，上面两位都是瞎说的，而且是典型的瞎说。以前没有互联网，青年男女怎么找对象？大家都是这套话术，但现在有了大数据了，专业的研究者就不会去看大家怎么“说”了，而是去看大家怎么“做”的。

这里就有一位非常硬核的研究者名叫赛斯（赛斯·史蒂芬斯－大卫德维茨，Seth Stephens-Davidowitz）。他是谷歌的一位数据科学家，也是沃顿商学院的讲师，通过对全美婚恋网站的大数据研究，他得出了一个洞见：人们在婚恋市场上实际追求的东西，和他们应该追求的东西，其实完全背道而驰。

那么，根据他的数据研究，人们在婚恋市场上究竟看中什么呢？

第一看中的是美貌。不论男女都特别重视长相。根据赛斯的总结，女性在相亲网站上的成绩的 30% 可以用外貌解释，男性则是 18%。在这点上东西方都差不多，而且很好理解。

第二是身高。下面这张图表现了不同身高的男女收到私信的成绩——其最受欢迎的男性身高是在 190 ～ 193cm，他们比 170 ～ 173cm 的男性收到的私信要多出 65%。当然啊，这个数据是来自美国的，中国可能会有点不一样，但问题是，如果你去查历年数据，就会发现，其实美国男性的平均身高是 175cm，中国男性的平均身高是 172cm，无论在哪个国家都和 190cm 相去甚远，可见大家就是爱高的，和现实无关。

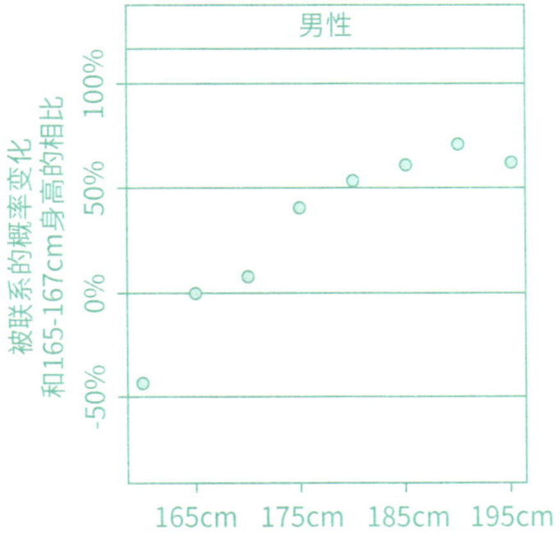

身高对约会成功的影响

第三是种族，第四是职业。而这两点中美的差异应该比较大，所以我就不重点描述了。

第五点却是和中国一样的，那就是个性。什么样的个性最受欢迎呢？答案是：和我像的个性最受欢迎！研究者考察了102个可量化的个性特征，包括你对自己性格的描写、你的爱好，甚至你给网站提交了几张照片……结果发现，所有这些特征都表明，人们是被跟自己相似的人所吸引的。

总而言之，长得好看、个子高、工作体面、跟自己个性相像的，就是我们最想要约会的对象。

但是！关键问题来了，恋爱可以是一时的，关系可以是一辈子的，前面那些特征能带来幸福长久的亲密关系吗？研究之后答案是：两者之间，几乎没关系。

关于什么样的伴侣最有利于婚姻幸福，研究者使用统计分析、大数据分析甚至机器学习，目前也没有找到一个很好的算法能够预测。为什么？

关键的原因在于，你的婚姻幸不幸福其实不取决于你的另一半——而是取决于你自己。

预测你婚姻幸福的最重要指标恰恰是你结婚之前是不是幸福：如果你在结婚之前对生活就很满意，也不抑郁，总是很乐观很积极，你结婚之后大概率也会是这样。

而这个你原本就有的幸福感对婚姻幸福的贡献度，要比另一半身上所有的指标加起来的重要性还高出 4 倍。

因此，这就破除了很多人的迷思。

不好意思，不会的。

虽然研究者无法预测另一半的什么素质一定能带来幸福，但是对于“什么因素不重要”，却有很明确的结论。另一半的以下 8 个因素，跟是否能长久幸福一点关系都没有——种族、宗教、身高、职业、身体的吸引力、以前的婚姻状况、对性的喜好、跟自己的相似度。

这不恰好就是我们前面根据大数据发现的，那些我们找对象时候最重视的指标吗?

到这一步估计有人会问：

——姐姐你说了那么多，都是不能看的指标，那我到底选什么样的人，难道就一个指标都没有了吗?

为了回答这个问题，我翻遍了所有当前最新的研究资料，的确没有我认为非常过硬的、有绝对说服力的预测数据，但如果实在要说，赛斯的研究中，有这么几点值得大家稍加注意：

第一是这个人本来对生活的满意度是比较高的，不是那种整天抱怨的。

第二是这个人本身是比较有安全感的（secure attachment style），说白了就是恋爱的时候会依恋你，但不会动不动查你手机的。

第三是这个人是有尽责性（conscientiousness）特征的，这个尽责性指的是人格心理学中的大五人格理论（big-five theory of personality）中的一个特质，说白了就是办事比较靠谱。

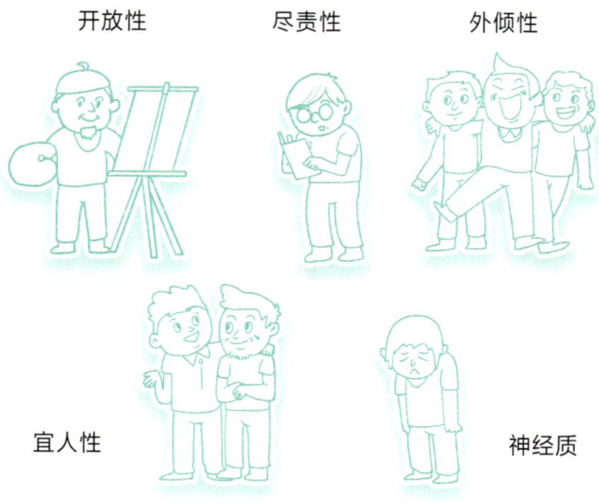


大五人格特质

第四是这个人是有成长型思维（growth mindset）模式的，就是遇到事会通过自我升级来解决问题的。

而我觉得这四点给我们最大的启发，不是让我们按照这四个标准去按图索骥，而是把这四点作为自己努力的方向。毕竟，就像查理·芒格说的，想得到一个事物，最好的方式就是让自己配得上它。

## 为什么亲密关系那么难？

如果现在你去市面上翻翻心理学类的自助书籍，你会发现一个很有趣的现象：关于亲密关系的章节，一般都会放在全书的最后一部分（当然那些本来就讲亲密关系的除外）。那为什么会把它们放在最后一部分呢？因为一个人与另一个人的长久亲密，其实是一件很有挑战的事情，而心理自助类的书之所以把这部分放在最后，是想让你在先获得了自洽以后，再去学习这部分，这其实是一个比较负责任的做法。

那么，亲密关系的挑战究竟来自哪里呢？回答了这个问题，就离解决挑战不远了。

第一个挑战来自“标准”。

还记得我们前面介绍的内容吗？到最后都没有一个标准说找什么样的人能获得长久的幸福，而我推荐的 4 个关注点，其实跟自己关系最大。但这只是我的回答，其实从古至今，这个问题都有不同的回答，特别是很多的心理学家，都抱着良善的初心，想为人类的幸福总结出一些规律，而我要说的是，这些良善的初心，最后很可能变成反向的束缚。你一定听过以下几种和亲密关系有关的思维模型。

比如“依恋类型模型”：人本来就有不同的依恋类型，有既可以独立又能与人建立深厚关系的安全依恋型、不太喜欢太过亲密或依赖关系的回避依恋型、经常担心别人是否真的喜欢自己的焦虑依恋型和既想亲近别人又有时会突然拉开距离的混合型。

又如“爱情三要素模型”，认为完整的浪漫爱情是由三个主要要素组成的，分别是激情、亲密和承诺。

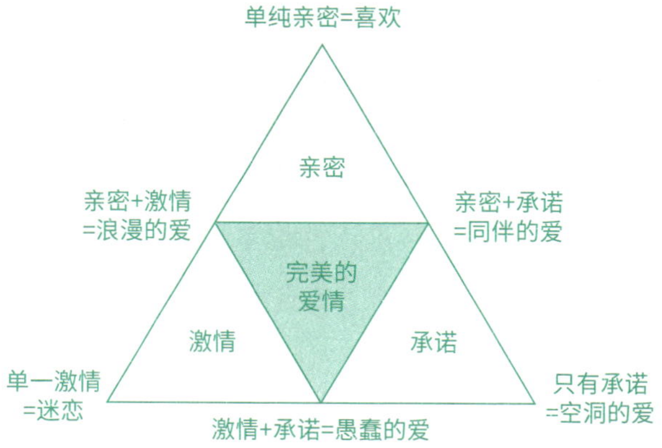


爱情三要素模型

除此以外很有名的，还有“亲密四阶段模型”：蜜月期、权力竞争期、死亡期和伙伴期。

在此，我们都先不要急着让自己对号入座。以上思维模型，都曾经帮助过我们，让我们能理解和分类人们在爱恋关系中的复杂情感，这些模型也曾为不少心理健康专家提供了帮助，让他们能更有效地了解人的情感需求和关系模式。但我为什么仍然只想让大家了解，却不想要大家对号入座呢？

因为，就像我经常引用的一句话："所有的模型都是错的，但有一些模型是有用的。"

这么多"亲密模型"给我们最重要的一点启示是：爱的光谱是非常宽广的，不要太快地给自己定义，爱情可以有千千万万种色彩和形态。每个人理解的爱都有可能不一样，甚至同一段关系在不同阶段，我们的感受也不一样。

正因为爱有如此多的可能，所以我建议你不用太把爱的理论当回事。特别需要警惕有一些时候，爱的理论会被一方用来当作对另一方的规训。

——哎，你看人家专家说了，好的亲密关系，不是就应该多沟通吗？你老不爱沟通，不就是你的问题吗？

——你看，按照专家的爱情理论，目前我们的关系就是缺乏了一个要素啊，我们关系想要好，就得把这个补起来！

是的，虽然爱情有"理论"，但所有理论都是为真实的人服务的。关于亲密关系，最重要的一条原则就是，没有任何人可以划定出一种标准。只要没有触犯法律，不伤害别人，最终可以评价这段关系的，就只有双方自己。对此啊，我比较喜欢弗洛姆的一句话："爱情的存在只有一个证明：每个所爱之人身上的活力和生命力。"

## 你是投资者，还是创业者？

虽然关系常常让人痛苦，但没有人真的可以成为一座孤岛。我们都需要爱，而对于爱，我有一些自己的看法，我认为爱不是一种义务，爱首先是为了取悦自己。而且“爱”也不局限于男女间的亲密关系，也包含了在家庭中、工作中、生活中如何与他人维持有意义的联结。爱就像在孤岛之间搭建桥梁，哪怕你不在一段亲密关系中，拥有爱的能力，也可以让你的人生更充盈和自由。

很多人因为爱而感到痛苦，很多时候是因为把爱的问题等同于对象的问题，好像只要遇到合适的人，问题就解决了。王子跟公主生活在一起，注定就是幸福的，这是一个误解。爱的问题其实是能力的问题。爱是一门艺术，就像音乐、绘画这些艺术一样，是一种把自我投入其中，从中感受到超越性存在的体验。爱也和所有艺术一样，不是随随便便就能获得的东西，谁都只能“一分耕耘，一分收获”，不断挑战，不断超越，没有捷径可走。

就像家庭治疗大师米纽庆说的：“一个理想的家庭，其实就是一个有修复能力的家庭。并没有一个家庭是没有冲突、没有问题的。只要这个家庭具备了修复冲突、解决问题的能力，那它就是一个足够好的家庭。”

所以对于爱，我们需要的心态，是准备好迎接挑战，而不是等着享受快乐，我们是一群创业者，而不是一群投资者。投资者会考核爱的对象，看他是否合格，是否正确，如果投资失败，他就会责怪、撤资，换一个对象。可是创业者不一样，他和爱的对象是合伙人，他们经营着同一家公司，叫作关系，他遇到问题会解决问题，而不是解决对方。

用投资者的态度来思考爱情，我们会觉得亲密关系好不好是人的问题，而不是相处或磨合的问题。所以，如果你只会等着对方改变，那这就是个无底洞，你要记住：幸福的底牌，从来都不在对方的手里。

最后，留下一个小小的练习：请回顾你现在的这一段，或最近的一段亲密关系，有哪一次两个人的矛盾是由于你的某些主动行为而得到圆满解决的？你觉得从你的这次“成功经验”中能得出哪些可以持续滋养自己关系的做法呢？

### 名词解释

1.“依恋类型模型”：源于依恋理论，最初是由约翰·鲍比（John Bowlby）在20世纪中期为了描述婴儿与照顾者之间的关系而提出的，后来由玛丽·安斯沃斯（Mary Ainsworth）等人进一步发展，用于描述成人之间的情感关系。

2.“爱情三要素模型”：由美国心理学家罗伯特·斯滕伯格（Robert Sternberg）提出。

3.“亲密四阶段模型”：由英国心理学家杰夫·艾伦（Jeff

Allen）提出，亲密关系会经历四个阶段：蜜月期、权力竞争期、死亡期和伙伴期。

4．“所有的模型都是错的，但有一些模型是有用的”：最初是由统计学家乔治·博克斯（George E.P.Box）提出的。博克斯是20世纪著名的统计学家，为统计方法论、质量控制和设计实验做出了重要贡献。这句话的核心思想是，任何对现实的模拟或建模都是不完美的简化，无法完全捕捉到所有的复杂性和细节。然而，即使这样，有些模型仍然在预测、解释或决策时非常有用。

# 参考文献


[1] Stephens-Davidowitz, S. (2017). *Everybody Lies: Big Data, New Data, and What the Internet Can Tell Us About Who We Really Are*. HarperCollins.

[2] Bowlby, J. (1969). *Attachment and Loss: Vol. 1. Attachment*. Basic Books.

[3] Ainsworth, M. D. S., Blehar, M. C., Waters, E., & Wall, S. (1978). *Patterns of Attachment: A Psychological Study of the Strange Situation*. Lawrence Erlbaum Associates.

[4] Sternberg, R. J. (1986). "A triangular theory of love." Psychological Review, 93(2), 119–135.

[5] Box, G.E.P., & Jenkins, G. M. (1976). *Time Series Analysis: Forecasting and Control*. Holden-Day.

[6] Jeffff Allen. ( 2021 ) . *How Love Works: A New Approach to Lasting Partnership*.

第三章

# 成长脑

## 快乐内源性的发动机

# 重启

## 我要怎么重新养育自己？

这章，我们开始进入一个新的模块——成长脑。近年来成长型思维经常被人提及，B 站课堂也把“个人成长”单独作为一个大类，可见越来越多的年轻人开始把升级自己当作个正经事了，所以让我们先从当前科学理解的角度，正经地讲讲成长型思维，其中有一个信念、一种思维和一个天坑。

### 一个信念

先给大家讲一个故事。有个女孩叫小美，她出生的时候父母就分手了。母亲是个未婚少女，她是被姥姥带大的，但姥姥可不懂什么孩子的心理健康，动辄用藤条惩罚小美。在小美 9

岁的时候，她遭到了表兄的性侵，而且还不止一次，这段不敢反抗又不敢告状的经历带给了她巨大的心理阴影。她 13 岁就离家出走了，而在 14 岁那年，她产下了一个孩子，但由于早产，孩子没多久就去世了。抽烟、喝酒、吸毒、滥交，小美的青春期就是这么度过的。

这就是一个典型的原生家庭的不幸，造成下一代的不幸的故事……对吗？后来小美怎么样了？我先按下不表，我们先来想想，遭受这么多童年不幸的小美，会如何看待这个世界。她觉得这个世界是好的，还是坏的？请先说出你的猜想，我们接着看。

这里，我要向大家介绍一个心理学界最近几年才提出的一个新概念，未来这个概念应该会有越来越大的影响力，因为它描写了人和人在认知上的最根本差别——这个概念叫作“原始世界信念”(Primal World Beliefs)。

原始世界信念就是你内心最直觉地认为这个世界本质上是好的还是坏的，是危险的还是安全的，是有趣的还是无聊的等。

而这个信念在很大程度上决定了你跟世界互动的方式和你的生活决策，而且强烈影响你的心理健康和幸福感。

这个学说的带头人是宾夕法尼亚大学的心理学家杰里米·克里夫顿（Jeremy D.W.Clifton)。他牵头组织了一支跨国跨学科的研究团队，用了 5 年时间，在不同的领域寻找人们对世界的基本看法。

| | | |
|---|---|---|
| 愉快的（痛苦的）<br>生生不息的（正在退化的）<br>进步的（衰退的）<br>无害的（充满威胁的）<br>合作的（竞争的）<br>稳定的（脆弱的）<br>公正的（不公正的） | 有趣的（无聊的）<br>美丽的（丑陋的）<br>丰富的（贫乏的）<br>值得探索的（不值得探索的）<br>有意义的（无意义的）<br>可以改善的（无法改善的）<br>好玩、好笑的（不好玩的） | 有目的的（无目的的）<br>需要我的（不需要我的）<br>万物是互相联系的（无关的） |

他们分析了经典小说、宗教教义、电影、演讲，以及社交网络上的各种说法，把人们对世界的基本看法分门别类，总结出以上类别。这些类别又可以大致归为三个问题：

第一，世界是安全的，还是危险的？

第二，世界是精彩的，还是无趣的？

第三，世界是活的，在跟你互动的，还是机械的，没有目的的？

总结这些是为什么呢？他们是想发掘这种原始世界信念跟人的行为取向、心理健康程度、性格养成之间的关系。

结果发现，如果你相信世界是安全的，你会更合群，更信任他人，精神上会更放松；如果你相信世界很危险，你就会谨小慎微，不愿意跟人交往。

如果你相信世界很精彩，那你会更有好奇心和感恩心，觉得自己很幸运能够出生，幸福感更强。

如果你觉得世界是活的，对你有所期待，就像某些宗教人士眼中的世界，到处都有灵气的存在，你可能更有一种目的感，或者意义感。而如果你觉得世界是机械的话，就可能没那么主动去做什么特别的事，心态又会不一样。

这么一说，你可能会觉得持有前一种信念更好，后一种就完了，但不是这样的，这里的原始是指本能的直觉的，没有对或错。

比如觉得世界是危险的，在这个世界处于战争时期或者在遭遇社会危机的时候可能就很有用，只不过现在我们的情境不同罢了。

研究的一个更加重要的发现是，往往并不是人的经历决定了世界观，而是人们在用自己的世界观去解释自己的经历。还记得我们在上一章中说的“大脑的预测编码理论”吗？我们是像海豚发出声呐波那样，先给出一个预测，然后和现实互动，再调整预测的。（想象海豚发出声呐的插画，只不过要将这只“海豚”替换为我们的大脑。）

那么对于一个人来说，这个原始世界信念的预测编码，又是怎么来的呢？

相关的研究都还在进行当中，其中有一个研究结论很有意思。如果父母整天对孩子灌输世界是危险的，要千万小心陌生人，“害人之心不可有，防人之心不可无”等思想，这当然是出于保护孩子的迫切心情，但是，这样真的会让孩子变得更好吗？

答案是：不会。

克里夫顿在 2022 年的一项研究发现，那些从小认为世界很危险的人，长大以后更不可能成功，健康状况更差，得抑郁症的比例更高，对生活更不满意，更不喜欢自己的工作。他们总在规避风险，可得到的却是更多的痛苦。

另有研究发现，相信世界很危险的成年人对他人的容忍度更低，在政治上更容易认为非黑即白，他们更偏执，更容易变得极端。

这些人的父母希望他们安全，可是灌输危险信念的实际效果，却是让他们缺乏安全感。

让我们回到小美的故事，她的童年虽然有创伤、有不幸，但她的家庭似乎没有向她灌输这些信念（当然也有可能是不屑于给她灌输信念）。有趣的是，小美即使穷困潦倒，也从未害怕自己会没有钱，关于金钱和自我价值的认知，她一直在自由地思考着。她一边打零工，一边努力读书，考上大学，主修演讲和戏剧，大一的时候非常幸运地拿到了电视台的聘书。而她的真名也不叫小美，而是奥普拉，美国第一位黑人脱口秀女主持。

当然，进了电视台，她的人生也并不是顺风顺水的，一直被人说长得丑，一直减肥，一直失败，舆论对她的怀疑和争议也从来没有消停过，但当有人问到她的失败经验的时候，她只是说：“我不断提醒自己世间并不存在失败，那不过是生活想让我们换个方向走走罢了，只是当你在人生谷底时，那看起来像是失败。”

所以，如果你觉察到，自己也被灌输了某种信念，那么这份对原始信念的觉察，可能就是改变的开始。

## 一种思维

前面讲了，我们如何看这个世界，声呐系统可能是自我实现的预言，对世界是这样，对我们自己可能也是这样，接下来就来讲讲，我们如何看自己。

让我再讲一个故事：故事的主角叫小帅，他从小就非常调皮，在学校的成绩也是一塌糊涂，好几门课都不及格，他的老师曾经认为他不适合学习，同学们笑他是呆子，他的父亲也曾因为他的成绩差而感到失望。终其一生，他的最高学历只有初中。那么，关键的问题来了，小帅如何看待他自己呢？

在回答这个问题以前，我先邀请你回答一个问题：设想有两名学生，其中一名学习非常努力，每天自习到深夜，另一名不怎么去上课，每到考试前几天才开始复习，最后他们两个成绩差不多，都挺好的。请问，你更想成为他们两个中的哪个呢？（A．更努力的那个；B．不努力的那个）请告诉我你的第一反应，并且记住这个答案，我们接着往下说。

就和之前的原始世界信念一样，你对这个问题的第一反应，其实也是一种原始的预测编码，这里不涉及对与错，而是一种对自我的觉知。而就像我经常强调的，觉知就是改变的开始。

其实不瞒你说，我对这个问题的第一答案，是不努力的那个，因为我从小就被人夸聪明，其实我并不聪明，但我却因为这样的夸赞，变得非常想要证明自己“聪明”。我的努力不是为了让自己真的变聪明，而是为了不让自己看起来不聪明。比如，我会尽量避免那些可能证明我不“聪明”的考试，不去挑战那些可能会显得我不“聪明”的挑战，而这让我的人生走了很多弯路。直到，我看到了一个实验。

实验的主持人是斯坦福大学心理学系的教授卡罗尔·德韦克，她邀请一批小学生来做智力测试题，孩子们被分为3组。首先做了一套特别容易的，结果每个孩子都答得很好。这时实验者对其中一组孩子说：“你做得很棒，你真聪明！”对另一组说：“你做得很棒，你一定很努力！”还有一组就只是说：“你做得很棒。”这是对照组。

然后，有趣的事情发生了：

当孩子们被问到接下来再来一套题，你是要选比较难，但可以学到东西的，还是比较简单，但可以拿高分的这个问题时，那些被夸聪明的孩子，更可能选简单的题，因为他们希望别人觉得自己聪明；而那些被夸努力的孩子，更可能选难题，因为他们觉得成绩不重要，做难题才是努力啊。

再下一步，实验者又给了孩子们一套非常难的题，每个人都答得一塌糊涂。这是一个很大的挫败。这时再问他们对这套难题怎么看，那些被夸聪明的孩子说：“这些题不好玩，我不喜欢，也不愿意带回家去继续钻研。”而那些被夸努力的孩子普遍会说：“这些题目挺好玩的，我喜欢，想把这些题拿回去再继续琢磨。”

最后，实验者再给他们一套正常难度的题，结果发现，被夸聪明的孩子这一次成绩变差了，而被夸努力的孩子成绩变好了。

而在另一个研究中，被夸聪明的孩子，还更可能对自己的差成绩说谎：“这道题我以前在家里做出来过，但我今天想不起来了。”而那些被夸努力的孩子，会对自己的成绩如实做出反应，错了就是错了。

你看，当初夸聪明还是夸努力的一句话不同，竟然能引起后面这么大的差异。为什么呢？德韦克教授说，这是因为对于智力，人们经常有两种不同的思维模式：一种叫成长型思维，认为一个人的智力可以一直成长；另一种叫固定型思维，认为一个人的智力大部分是先天决定的，基本上固定不变。

而这两种思维模式的分水岭，可能只在一念之间。如果你是为了自己的某种身份认同而努力，那你就把自己限制住了，你变得“偶像包袱太重”，重到不敢犯错，因为一犯错你的偶像人设就崩塌了，所以你是不能犯错的，而不能犯错也就意味着，你不会进步了。但如果你赤脚的不怕穿鞋的——我反正都已经在底层了，那我只剩下一个方向，就是向上——那你就敢折腾，敢犯错，把困难当作挑战，因为所有这些折腾和挫败，都只是你成长的养料罢了。

回到小帅的故事，他其实并不叫小帅，他叫华罗庚，因为没钱读高中，他只好到上海学会计。可不到一年，由于生活费太贵，便辍学了，回到老家帮助父亲料理杂货铺。但就在这个时候，他开始从老师那里借书来看，忙里偷闲，自学数学。用了 5 年时间自己学完了高中和大学低年级的全部数学课程。

然后他开始向杂志社投稿，但是全都被退回来了，因为他写的那些问题几乎都是国外的专家早已证明过了的。你看，你还以为你是原创，结果呢，只不过是前人的重复。不过，华罗庚没有偶像包袱，他反而因此信心倍增，他说：我写这些稿子的时候，并没有看过前代数学家的解题思路呀，那是我自己想出来的！他就这样不断地写，不断地投稿，不断地创造全新的答案。直到有一天，他的文章被清华大学数学系主任看到了，对方还以为是哪个留学生或者教授写的。

故事说到这一步，我还得补充一点，那就是在当下的文化氛围中，我们对“努力”这个词的认识，多少有点进入了死胡同，觉得是那种死读书、死磕、用功又没成果的瞎忙活。如果一个中国孩子被夸“努力”，他更有可能觉得对方是在“安慰”他，而这不是德韦克实验的本来含义。所以，对于德韦克实验中的“努力”这个词，不如理解为“我觉得你很会想办法，很愿意动脑筋”更好。

而如果要更深一步挖掘“努力”的真正含义，我们需要进入成长型思维的深水区。

## 一个天坑

我们再来讲一个故事，故事的主角叫老白。他从小读书刻苦，结果因为只会死记硬背，写出来的东西“文理欠通”，不仅六次科举落榜，还被人“悬牌批责”，相当于获得了科举界的金酸梅奖。后来好不容易当上官了，别人当官是为了升官发财，他却是为了做圣人，一看这个画风，在官场就活不过三集啊。果然，他一直仗义执言，觉得官场的同事们怎么都那么腐朽，干脆就绕开同事向皇帝要权力。一开始皇帝看这个人不错，好不容易有这种忠臣了，要重用！结果老白说皇帝你也有问题，你也得改，然后，就没有然后了。

老白就是我们前面说的“努力”的人，但这个版本的老白，还没有悟透“努力”的真实含义，努力不是一根筋的用功。不会复盘，所有的努力都是低水平重复。高级的努力，是要会复盘的，而这就需要一种更高级的思维模式，叫作“策略思维模式”。

所谓“策略思维模式”，是一种引导自己寻求策略的思维习惯。这是一种元认知能力，你要经常自己审视自己，特别是审视自己当前的策略。比如为了考试刷数学题，你做着做着就会问自己：我有没有什么办法能做得更好呢？我到底是每天刷 20 道题效果好，还是 30 道题效果好？我是刷同一类型的题效果好，还是不同类型混合刷效果好？我是白天刷有效率，还是睡前刷有效率？又如你切个菜，你会想，我是竖切还是横切才能让食材更入味呢？我是直接切更快，还是先磨刀再切，切得更快呢？

说白了，就是你对方法格外敏感，而不是一条道走到黑。

提出“策略思维模式”这个概念的人，是新加坡国立大学的学者帕特丽夏·陈（Patricia Chen），她的团队测试了不同类型受试者的策略思维模式分数，结果发现，那些在测试中得分比较高的大学生，在接下来的一个学期里，的确比其他学生尝试了更多的学习方法，他们期末的成绩也的确更高。

而且，为了把“有策略思维模式”和“知道很多策略”的效果给区别开，研究者们特意设计了一个实验项目：把鸡蛋的蛋清和蛋黄分开。这件事受试者以前都没做过，但是结果显示，有策略思维模式的人更愿意尝试不同的处理方法，并且取得了更好的成绩。

好消息是，策略思维模式，是一种可以被培养的习惯，有这样思维的人，不管干什么都会想想策略，而正是这点，让他们避开了“努力”的大坑，成为更高级的成长者。

回到老白的故事，此时的他已经一文不名，而年纪却已经接近50。而就在这时，他开始改变策略了，他翻出了自己以往的书信，反思了自己的处事方法，学习了更多先哲的思想，还写信让别人好好骂骂自己。而其中有个老同事，就骂醒了他，老同事说：你知道办事得靠百姓，得让老百姓不怨恨你，但你怎么就不知道要让官员也不怨恨你才行呢？你看你办的事，筹钱、抽税都是踢开官员另起炉灶，这怎么可能长久，怎么可能行得通呢？

这话说白了不就是劝老白行贿受贿吗？咱老白可是要做圣人的，这弯他拐得过来吗？结果是，他拐过来了，还拐得特别彻底。有一次他要去户部报销3000万两白银，按照当时的潜规则，这笔报销要给办事的人40万两回扣，后来老白把价格谈到了8万两。可结果呢，当时的政府首脑认为，老白功劳很大，这笔钱干脆就不用报销了，直接拨款。领导大手一挥，潇潇洒洒，底下人的财路不就断了吗？但是这一次老白说，谈好的8万两还是要给的，于是就从自己的小金库里硬是凑出了8万两给了人家。其实他的做法你现在看，很好理解，这些办事的人地位虽然低，但是权力大，这次要是失信于人，以后再找他们办事可就难了。

这时，你应该能猜出来老白是谁了吧，没错，他就是曾国藩。他的人生，是一个不断被毒打、不断换策略的人生。**我们常说，在哪里跌倒，就要在哪里爬起来，但成长型思维模式却告诉我们，跌倒了不一定要原地爬起来，你可以原地趴下，挪个地方，再爬起来。**

## 最后满堂说

在这一节里，我们讲了原始世界信念，它是你成长的开始；讲了成长型思维，它是你成长的发动机；还讲了策略思维模式，它是你成长的方向盘。

组织心理学家亚当·格兰特曾说，我们大脑里，普遍有三个身份：传教士、检察官和政客。这三个身份都只有一个目的，就是维护你原本的观念。假如你发现自己原来的观念错了，你可能会启动传教士模式，向别人宣扬自己的观念。假如有人质疑你，你可能会启动检察官模式，通过搜集证据来证明对方是错的。假如别人对你的观点没感觉，你可能会启动政客模式，像政客争取选票一样去争取别人的认可。

如果这三个身份加在一起，我们就只会继续强化我们已有的思维模式，不断重复。因此，我们还需要一个身份，就是科学家。科学家知道，自己持有的每一个观点，都是一个等待检验的假说。自己的每一个做法，都是一个实验，去证明或者证伪原先的假说。说白了，这个身份就是不让我们的想法成为身份的一部分，让我们卸下“偶像包袱”，对世界保持好奇，对自己保持诚实，因为自己永远是最好骗的人。

最后，我们一起做一个练习：在接下来的一周里，每天睡前回答一个问题：今天我在哪件事上转变了策略，或者今天有哪件事我是可以试着转变策略的？

# 参考文献


[1] Alexander G. Stahlmann & Willibald Ruch. (2022). "Primal world beliefs correlate strongly but differentially with character strengths." *The Journal of Positive Psychology*. DOI: 10.1080/17439760.2022.2070532

[2] Jeremy D. W. Clifton. "Testing If Primal World Beliefs Reflect Experiences—Or at Least Some Experiences Identified ad hoc, Front." *Psychol.*, 24 June 2020, Sec. Cognition Volume 11-2020. https://doi.org/10.3389/fpsyg.2020.01145

[3] Jeremy D. W. Clifton & Peter Meindl. (2022). "Parents think—incorrectly—that teaching their children that the world is a bad place is likely best for them." *The Journal of Positive Psychology*, 17:2, 182-197. DOI: 10.1080/17439760.2021.2016907

[4] Clifton, J. D. W., & Kerry, N. (2022). "Belief in a Dangerous World Does Not Explain Substantial Variance in Political Attitudes, But Other World Beliefs Do." *Social Psychological and Personality Science*, 0(0). https://doi.org/10.1177/19485506221119324

[5] Geoff Colvin. *Talent is Overrated: What Really Separates World-Class Performers from Everybody Else* (Portfolio, 2010).

[6] Dweck, C. S. (2006). *Mindset: The New Psychology of Success*. Random House. This book introduces the concept of the growth mindset, which is foundational to understanding how beliefs about one's abilities influence their learning and

development.

[7] Clifton, J. D. W. (2022). "The Primal World Beliefs Scale: Developing and validating a measure of people's fundamental conceptions of the world." *Journal of Personality and Social Psychology*, 118(1), 129–157.This article outlines the development of the Primal World Beliefs Scale and discusses its implications for psychology and personal development.

[8] Chen, P. (2017). "A strategic mindset: An orientation toward strategic behavior during goal pursuit." *Proceedings of the National Academy of Sciences*, 114(24), 6224–6229. This study introduces the concept of the strategic mindset and its role in effective goal pursuit and problem-solving.

[9] https://penntoday.upenn.edu/primal-world-beliefs-shape-minds

[10] https://www.psychologytoday.com/za/blog/primal-world-beliefs-unpacked/202203/what-are-your-3-deepest-beliefs-about-the-world

[11] https://www.theatlantic.com/family/archive/2022/09/the-best-way-to-teach-kids-about-danger/671310/

[12] https://hiddenbrain.org/podcast/how-your-beliefs-shape-reality/

# 失败

## 失败真的是成功之母吗?

上一讲，我们说了成长的开始、发动机和方向盘，但是成长的道路并非一帆风顺，你可能会遇到小小的颠簸，或者一不小心就绕了弯路，又或者遭遇了一次重大的抛锚，需要把自己整顿好一段时间才能重新上路，而这些就是我们今天的主题：失败。

### 失败真的是成功之母吗？

有句谚语叫“失败是成功之母”，很容易让人以为只要失败多了，肯定能迎来成功，真的是这样吗？首先，我们来看看现代研究者们对于失败的科学实验，好好盘一盘失败和成功的关系。

让我们先从动物身上观察一下。我们知道，动物社会也有它们的“江湖规矩”，比如老鼠，如果两只老鼠狭路相逢，一般地位低的那只就会后退，而地位高的那只呢，则会前进。

而浙江大学的胡海岚教授发现，可以通过一个方法逆转这种状况，她采用了一种叫作光遗传学的技术，用激光来增加大脑背内侧前额叶皮质这个区域里一个特定神经通路的连接强度。简单地说，这个刺激的结果，就是让一只地位低的老鼠像打了鸡血一样，勇气倍增，有如神助地将“领导”成功逼退。

胡海岚教授的实验：光遗传学技术

那么请你猜一猜，假如这只老鼠成功了几次以后，胡教授不再给它打鸡血了，它遇到高等级的老鼠，还会有奋勇的表现吗？

实验结果是：当地位低的老鼠六次成功逼退了“领导”以后，这只老鼠就可以不再需要任何外力的帮助，仅仅靠自己，就敢于发起挑战，继续逼退“领导”。

从这个实验我们发现，胜利的信心不是用失败换来的，而需要用胜利来浇灌。在心理学中，这被称为胜者恒胜的“胜利者效应”。

但这个实验说的只是老鼠，这个效应，在人的身上会有不同吗？让我再问你一个问题：假设有两位创业者，一个从没创过业，一个创业过一次但失败了，请问他们两个人哪个成功率更高呢？ A．从没创过业者；B．失败过一次的。

这时，估计不少人会想——嗯……创业这个事情，肯定是经验越丰富越好吧，我选 B！

但根据哈佛大学的研究者对 1975 年到 2003 年所有美国创业者的统计发现，这个“失败一次”的经验没带来任何优势。

研究还发现，反而是过去的成功，对你未来的成功很有帮助。如果你上次创业成功了，这一次成功的可能性会增加 50%。

光这个实验还不能说明问题，我们来看另一个统计研究：外科医生做手术，有一种治疗冠心病的手术，叫冠状动脉搭桥术，这种手术非常复杂，失败了病人会有生命危险。于是，有人研究了几千例同类手术，想看看这个手术的成功与失败，会给医生的表现带来什么影响。结果显示：

第一，如果一个医生手术失败，他后面的手术会更容易失败，他的成功率将会一直下降。

第二，如果一个医生手术成功，他后面的手术会更容易成功，他的成功率将会上升。

更有意思的是第三点，如果一个医生手术失败，那他同事的手术成功率反而会提高，因为他们从他的失败中吸取了教训！

可见，失败不是成功之母，成功才是成功之母，而且别人的失败，是你的成功之母。

## 可是我失败了，怎么办？

说到这里，可能不少人已经开始瑟瑟发抖。

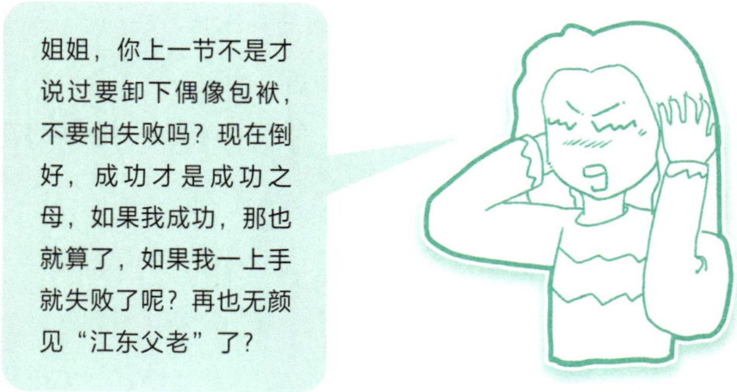

大家不要怕，哪有不经历失败的成功啊，常胜将军，那是神话小说里的人物，我们经常在媒体上看到那些有关成功人士的采访，总给人一种看“气运之子”的感觉。

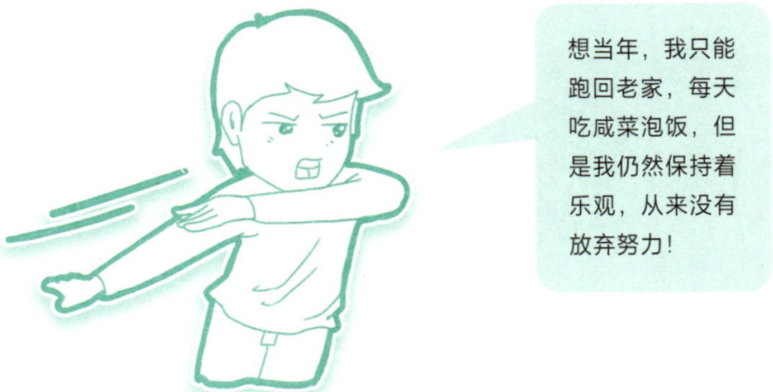

你看了就会想：

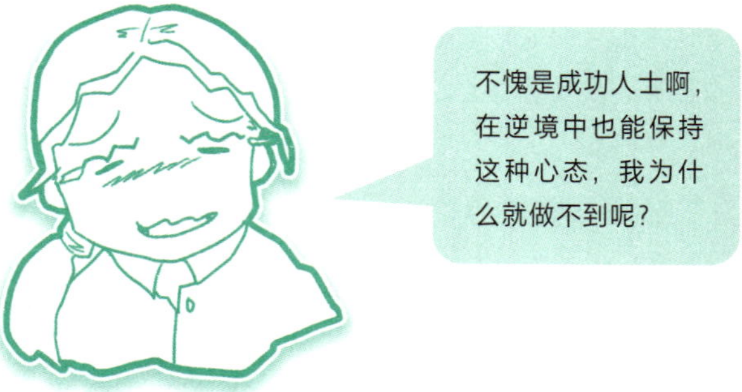


是的，不仅你做不到，成功人士也没做到过，这些都是他们的叙事，自我做的事后总结，真要回到他们失败的当下，每个人都会对自己说：

在失败的彼时彼刻，没有一个人不是痛苦甚至绝望的。我们要认清失败的三张面孔，才可以从容面对失败。

### 第一张面孔：害怕痛苦

再洒脱的人，遇到失败都不会有好心情，这是基本的人性。失败已经很痛苦了，如果这时候再听别人教训你：

——你不是成长型思维的人吗？成长型思维，就应该笑对失败！

然后自己想：

——对啊，我怎么能那么痛苦呢？难道我根本就没有成长型思维？

结果就是逼自己笑对失败，但我们根本做不到啊，然后就开始焦虑：

——为什么我就不能笑对失败呢？果然我面对失败的样子都很失败！

不要再双重折磨自己了好吗？

失败的第一张面孔，就是我们的恐惧，特别是无法面对失败所带来的痛苦情绪时的恐惧，而解药，是四个字——“悦纳情绪”。

情绪是无法撤销的事情、没有对错的事情，是我们生命的一部分，我们要悦纳快乐，也要悦纳痛苦，在痛苦的时候，不妨用这个句式对自己说话：

“我现在感到……”

你可能感到愤怒，感到难过，感到眼红，感到嫉妒，感到后悔……

“我感到”，是对自己情绪的描述，这样就把自己的情绪和发生的事情做了分离，事情是当下的某个事实，情绪是“我”对于这个事实目前的反应，而且这个反应的颗粒度越精细越好。你越能把自己的情绪细腻地识别出来，就越不容易被情绪牵着鼻子走。当你连失败带来的情绪都能够悦纳时，你对失败的恐惧也就消除了大半，因为，你已经不再背对着它，而是面对着它了。

## 第二张面孔：当作永恒

固定型思维面对失败时，有一种最致命的误解叫：我不行。这就是对人不对事，把失败变成对自己的否定。这是一种毁灭性的自我攻击，只会卷起你一系列负面情绪。而这种误解本来就是个伪命题，因为人是可以变的。没有“失败的人”“无能的人”“没用的人”，只有试错的过程、寻找的过程、积累经验的过程、获取信心的过程、成长的过程、变化的过程。

但是，有人会担心：如果这个变化的过程很漫长，那该怎么办？

变化可能会很慢，时间会很长，这虽然也会让人难过，但“难过”是你的情绪体验，处理起来就容易得多，就好比排队，你本来以为很快就能轮到你，结果却发现前面其实排了很多人，你虽然着急，但如果戴上耳机，听听音乐，情绪就会平静很多，你知道，只要恢复节奏，享受过程，早晚会轮到你。

所以，失败不是永恒，但改变的确需要时间，当你着急的时候，不妨对自己说：

“时候未到。”

虽然等待让我痛苦，但这不是我个人的问题，只是时候未到，我只是在经历过程中必要的阵痛，它很难熬，但那是正常的。

### 第三张面孔：投资失败

有的人在失败时会这样给自己打气：

但同时，他心里一定还会有个念头悄悄在发芽：

这样的心态，其实是把失败当作对成功的一种投资，觉得自己投资了失败，最后就该要收获成功的。投资肯定是要求回报的，如果没有回报，很多人就会觉得自己的行动是愚蠢的，也就失去了前进的动力。

但是，“想要成功”的关注点，仍然是在不可预测的未来。

与其这样，你不如对自己这么说：这一刻，我从失败中已经收获了一些不同。

这种不同，就像是基因的某种变异，大自然的演化遵循的正是变异—留存的规律，往往是生物产生某个未知的突变，不知是好是坏，只有在环境变化时，才能够进行筛选。你的人生，由这一次失败经验，也产生了一个小小的突变，在积累更多突变以后，你的某个突变就有可能成为适应环境变化的关键。只是你不知道会是哪个突变，你只能一直累积，慢慢等待。

## 如何科学翻盘？

前面我们说了面对失败的心理建设，现在，我们就来说说如何面对失败后的外部世界。毕竟，你的努力和外部世界的变化，就像是编织布料的经线和纬线，两者互相交织，缺一不可。如何让你失败后的努力用在刀刃而不是刀背上呢？我们需要看一下这个研究。

美国西北大学的教授王大顺，带领学生们做了一个研究，成果发表在了 2019 年的《科学》杂志上。

王大顺教授他们先收集了一些数据，涉及 25 万个创业者、5.8 万多家初创公司、14 万名科研基金申请者、80 多万份基金申请记录等。他们要用这些数据研究什么呢？

他们要回答这个问题：

假如我现在正挑战一件事情，比如求职，我用哪种做法，更容易取得成功？

做法 A：先大量发简历，面试碰了钉子之后，就针对这次的问题，改改简历，换一个部门或公司再投。然后，出手的频率越来越快。

做法 B：也是先大量发简历，面试碰了钉子之后，重新打造全新的简历。一次被拒不要紧，两个星期后，全新的简历奉上，如果又被拒，再卧薪尝胆两个星期，换全新的简历再投。

你觉得哪种做法更容易成功呢？先盲猜一下答案，我们接着说。

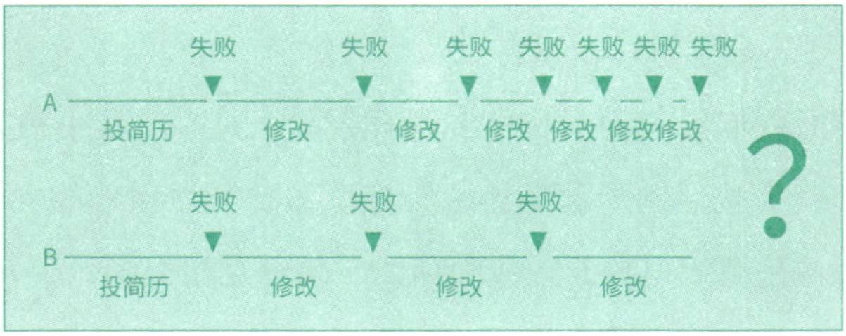


王大顺的研究团队发现，在开始的时候，尽管都是失败，但失败者和失败者之间却存在着天壤之别。

以初创公司为例，最终走向成功的创业者在经历了一次创业失败后，会马上开始下一次创业。在数据上，这就体现为这些创业者两次创业失败之间的时间间隔，会显著地缩短。

而和这种趋势形成对比的是，那些在记录上一直失败、没有成功的创业者，他们连续两次失败的时间间隔，并没有因为创业经验的增加而产生什么变化。

更有意思的是，在两组完全不同的数据中，研究者都发现了这个模式。**也就是说，无论是创业还是申请基金，最终完成目标的那些人，失败的间隔都是越来越短，然后突然逆风翻盘的。**

这究竟是为什么呢？王大顺教授的团队给出了他们的解释。

他们说，无论是创业还是申请基金，只要想完成一件事，都要具备一系列条件。但评估这个条件是否符合要求，只有评审人／用户才是最终裁判。申请人只有反复地撰写申请书、提交申请、获得反馈意见，才能知道评审人的评判标准和偏好。同样，创业者也只有反复迭代产品，去测试用户喜好，才能知道用户到底需要什么。面对这样不确定的环境，申请人／创业者可能有两种选择：快速迭代和从头再来。

我们拿申请基金举例子。比如，这次评审意见指出，实验设计不够合理，第一种选择是只修改实验设计的部分，而第二种选择是，每当提案没有通过，就从头到尾全部修改申请书，而不是特别针对反馈意见进行修改。第二种选择的迭代速度肯定要慢很多。

这两种选择，就会导致两种完全不同的情况。

第一种选择，随着申请失败次数的增多，申请者的经验会积累得越来越多，所以迭代速度也会越来越快。同时，随着经验积累，他们申请书的质量也会获得稳步的、有方向性的提高，最终走向成功。

相反，如果申请人选择的是另一种方案，他们在做推倒重来的时候，没有认真对待反馈信息，那他们的提升就是没有针对性的，甚至可能把本来很好的要素迭代成了更差的版本。这样会消耗大量的时间，迭代速度也会变慢，获得的针对性反馈也就会变慢，申请人最后可能甚至不知道迭代方向了。

只有反馈才能告诉我们答案，而只有更快速地迭代，才能提高反馈的发生频率，让我们获得更多知识，提高成功的概率。所以，开头的答案，显然是 A。

明白了这个道理，我们就可以在没有直接反馈的时候，主动设计，去获得更多反馈。比如，面试不成功的时候，请 HR 再给我们提点建议——反正也不成功了，多给我点提示呗。项目申请失败，就看看成功的那些是怎么做的，或者跟评审多聊聊，看看哪里出了问题，需要改什么地方。如果是创业的产品不成功，就直接下场和客户交流，问问他们喜欢或不喜欢产品的哪些地方。以上都是获得反馈的好办法。

## 最后满堂说

其实，成长型思维不只是一种想法，它的英文是 mindset，直译过来是“心智的运作模式”，或者说“心态”。而我认为，它的本质更像是一种注意力的分配方式，让人把更多注意力投入任务本身。它致力于去解决问题，而不是去证明问题无法解决。

成长型思维不是拍胸脯说“我一定能行”，那是一碗没有营养的鸡汤；成长型思维说的是：“我现在是不行，但我是会变化的，只要把注意力拿回来。”

那么本节的练习就是，请你找一件之前觉得“做不到”的事，再花 1 分钟时间，让自己集中注意力试一试。

# 参考文献


[1] Sitkin, S. B. (1992). "Learning through failure: The strategy of small losses." *Research in Organizational Behavior*, 14, 231–266. This paper suggests that experiencing small failures can lead to significant learning opportunities, enhancing future success by refining strategies and approaches.

[2] Dweck, C. S. (2006). *Mindset: The New Psychology of Success.* Random House. Dweck's work introduces the concept of fixed and growth mindsets, emphasizing how the perception of failure impacts personal and professional growth.

[3] Watts, D. J., & Dodds, P. S. (2007). "Influentials, networks, and public opinion formation." *Journal of Consumer Research*, 34(4), 441–458. This study examines how early successes or failures influence future outcomes and the role of social networks in this process.

[4] McGrath, R. G. (1999). "Falling forward: Real options reasoning and entrepreneurial failure." *Academy of Management Review*, 24(1), 13–30. McGrath discusses how entrepreneurs can use failure as a strategic tool to explore new opportunities, framing it as a "real options" approach.

[5] Edmondson, A. C. (2011). "Strategies for learning from failure." *Harvard Business Review*, 89(4), 48–55. Edmondson provides insights into how organizations can create environments that encourage learning from failure, emphasizing the importance of feedback and a supportive culture.

# 心流

## 我怎么让自己越学越投入？

“心流”是近年来非常流行的一个心理学概念，相信你一定早就听说过了，很多人都觉得心流就是一种全心全意专注一件事，忘记时间流动的状态。

打游戏的时候，你就处于心流的状态

看电影的时候，你就处于心流的状态

然后不少人就会觉得：看电影、打游戏谁不会啊，其实心流也没什么了不起的嘛，这还需要学吗？要不我们就跳过吧！

当然是不能跳过的，跳过，我们就错过了一个能让自己获得长久幸福体验的重要方法。

## 什么是心流？

“心”这个字啊，其实是我们翻译成中文的时候加上去的，它原本就是一个流动的“流”字“flow”，这个词是怎么来的呢？这源于心理学家契克森米哈赖的一个大型实验。还记得我们之前说过的那个让 6 万多个人写下自己正在做什么事，快乐程度打几分的实验吗？这个实验方法的原型，就来自契克森米哈赖，那个时候还没有手机，他们的做法，是给上万名受试者一个提醒装置，相当于 BB 机，当这个装置响起来的时候，就记录下自己在做什么，状态如何。契克森米哈赖发现，当人们感到幸福感爆棚的时候，有一个词居然被不同的人反复提到，这个词，就是 flow。契克森米哈赖据此断定，这个 flow，很可能就是幸福感的来源。

从此，这个词就一石激起千层浪，大量的研究者前赴后继地对它进行了深度的研究，从脑科学、心理学，到行为设计学，甚至联系到了古代哲学……好消息是，目前我们对 flow 的理解，已经比契克森米哈赖那个时候足足提升了一个档次，现在，我就把当前最新的关于心流的底层原理，以及我们如何触发心流的实用技巧，全部都告诉大家。

## 进入心流时，我的大脑发生了什么事？

很多人描述心流，一般都是这样的：如有神助，时间静止，畅通无阻，好像有一股无形的洋流推动着我前进，我丝毫不用费力，就达到了学习和工作的巅峰状态。

那这到底是怎么发生的呢？它发生的时候，我们的身体正在经历些什么变化呢？一般有以下 4 点。

1. 前额叶活动特别是背外侧前额叶的部分活动减少。这部分是干吗的？它就是“我”的所在，平时对你进行批判的，是它；让你进行反思的，也是它，总觉得自己哪儿没做对；操心别人会怎么看待你的，还是它。现在，我把“我”给关掉了，因此，就会进入“无我”的境界，只有当下和当下在做的事情，没有一丝一毫的杂念。

2. “纹状体”和与之相关的多巴胺通路活跃。这就意味着，你身体内的快乐激素会持续增加，它们是：内啡肽、多巴胺、去甲肾上腺素、血清素、内源性大麻素和催产素。而这就是你在心流状态时会有强烈的愉悦感的原因。这不是一般开心、很兴奋可以形容的。你会感觉到满足，不后悔，只想再体验一次！

3. 丘脑和基底节的连接增强。这两个区域与注意力和执行功能有关。在心流状态下，它们之间的连接可能会增强，使个体能够保持专注并高效地完成任务。而更多研究表明，当人们进入心流状态时，大脑的不同区域可能会更加同步，它们正在一起协同工作。这就好比你的 CPU 运转速度开到了最大，能耗却相当地低，而且一点都不会过热。

4. α 波和 θ 波增加。怎么来理解这两种脑波呢？可以回顾一下我们第一部分讲睡眠的时候，当我们躺下时，我们一般是出现 α 波（Alpha 波，大约在 8 到 13 赫兹），处于一种放松的状态；而当我们进入轻度睡眠时（如 REM 睡眠的初期）呢，θ 波（Theta 波，4–8Hz）就出来了；再继续呢，你就进入深度睡眠了。大家在做梦的时候，有没有这样的体验，你觉得这个梦仿佛做了千年，但现实只过了几分钟，比如上午被闹钟吵醒，关掉以后接着睡，明明只睡了 5 分钟，你梦里已经刷牙、洗脸、换衣服、吃饭、出门去公司，甚至把一场上午的汇报都做完了。而心流的神奇之处就在于此：**你并没有失去意识，却和做梦的状态一样，获得了“时间静止”的魔法。**

## 好玩的没有用，有用的不好玩

现在，我终于可以回答本节开头讲到的问题了，打游戏和看电影甚至刷手机也可以进入心流状态啊，为什么没有人想要再来一次呢？因为同样是心流，你想要的是高级的心流，而不是垃圾的心流。那怎么来评判呢？很简单，就一个标准，这件事做完，你有没有感到后悔。

如果答案是 yes，比如这样：

——昨天我打开了手机，就是为了寻找让自己提升的法门，我学了这个，又看了那个，跟随心流一路看啊看，走啊走，等我回过神来的时候，发现自己躺在了某个电商 App 的促销页面上，还在后悔着刚才错过了一波红包雨。姐姐，我这是进入心流状态了吗？

——不好意思，你接触的是垃圾心流。

为什么我们接触的大多数都是垃圾心流呢？那就是我们遇到最大的一个悖论：好玩的事情往往没有用，有用的事情往往不好玩。但会让你不后悔的，恰恰是那些有用的事情：学习、创造、锻炼，甚至有时候不得不为一个长远的目标，摁住自己的头努力勉强一段时间。所以我们的问题应该换一换，改成：

怎样才能让有用的事情，也好玩起来呢？如果我能像玩一样去工作和学习，在心流中自由驰骋，那我就可以说出那句：我没有一天不在工作，但也可以说，我从来没有工作过一天，我每天都在玩。

而契克森米哈赖的研究恰恰也发现，成年人生活中的心流，大多数正是出现在工作时间，而不是休闲时间。

那问题来了，为什么有些人在工作中更容易产生心流活动，而有些人却只会感到无尽的痛苦呢？如果我正好是后者，正为工作和学习感到烦心，我怎么让自己变成前者，让自己越学越投入，越工作越有劲儿呢？答案就在下一部分：心流触发器。

## 心流触发器

经过这么多年对心流研究的学习以及自己的亲身实践，我想在这里给你一个我觉得最容易实践的“可行策略”，专门解决如何在我们的日常学习和工作中制造心流状态。这个策略由三个关键词组成。

### 关键词 1：目标纯粹

契克森米哈赖曾经有一句精妙的对心流的总结，那就是：心流是一种减熵体验。既然是减熵，即减少混乱的程度，那你在准备阶段就得减少无关信息的摄入。比如说你要复习，一次给自己定一个目标就够了，最忌讳那种既要、又要、还要的目标，比如这段时间要攻克某个难题，那穿衣吃饭就简单点吧，别消耗自己的决策意志力了。又如写作，你的环境最好不要有干扰，比如一部经常提醒你回消息的手机就拿开一点吧。其实，你有很多手段可以用，降噪耳机、轻音乐、深呼吸，有些人会去咖啡馆学习，周围都是陌生人，周边的一切声响变成了天然白噪声，也是不错的选择。

### 关键词 2：调整难度

前几年，亚利桑那大学和布朗大学的学者，一起发过一篇论文，题目叫《最优学习的 85% 规则》。也就是，在学习当中，85% 做对，15% 犯错，是最有利于进步的。这需要你经常动用策略性思维，对自己当前的任务难度进行设计，85% 是你熟悉的、能做到的内容，15% 是你陌生的、有挑战的内容。太难了，让人恐惧；太简单了，让人无聊；刚刚好，让人最爽。

### 关键词 3：即时反馈

想要进入心流，你的每一步工作都要立刻带来反馈，并且被你感受到（最直观的体验就是打字时的青轴键盘咔嚓咔嚓地响）。这一点其实很好理解，如果你整理一个小桌面，它肉眼可见地变得整洁，这种反馈立刻会带来正面的体验。但如果你在整理一片巨大的废墟，工作了好几个小时，还是一片废墟，那你很容易就会感到挫败。但假如你偏偏就遇到了这样的任务，怎么办？那就要把目标拆解得更细，一次针对一小块，才能即时产生反馈。

这时你会发现，目标纯粹 + 调整难度 + 即时反馈，这三个加起来，不正是游戏公司设计游戏的方法吗？没错，他们就是这么做的，包括现在的社交媒体、购物网站也都是将这三点发挥到了极致。那你如何将这种设计游戏的技巧，运用到自己的学习和工作中呢？

契克森米哈赖举过一个例子，说一个流水线上的工人，每天重复同样的工作，组装零件，这种劳动能让人产生心流吗？难得很，机械重复，没有挑战。但是，一个工人可以给自己设置不一样的目标：他可以不断挑战自己组装的速度，这一次是 60 秒，下一次争取 58 秒、56 秒……

在这样的策略带动下，同样是组装零件，他和其他人的体验就完全不同了。这位工人的注意力会保持高度集中，每一次组装都是全新的挑战，他会带着微微的兴奋感，让动作更精准，节奏更顺滑，一切向着一种更完满的秩序靠拢。不知不觉，他就进入了心流状态。

而这种把任务转换成游戏，继而让自己产生心流的思维习惯，就是我们前面说的“策略思维模式”。

幸福的人更经常进入心流，经常进入心流的人感到更幸福。

心流，是生活给一个人最好的奖励。

最后我们一起来做一个练习：将你在学习或工作中的某件“有用但不好玩的事”，通过你的设计，变成“有用又好玩的事”。

## 名词解释

1. 内啡肽：是一组天然的化学物质，作用于大脑中的 μ－阿片受体，与阿片药物有相似的效果。内啡肽可以引起愉悦感、镇痛和安慰。它们在我们经历奖赏、锻炼、爱和社交互动时被释放。

2. 多巴胺：是一种神经递质，与奖励、动机和快乐感有关。当我们实现目标或完成挑战任务时，多巴胺通常会被释放，这与心流状态中的挑战和技能平衡相一致。

3. 去甲肾上腺素（也称为肾上腺素）：与注意力、警觉和反应能力有关。在心流状态中，去甲肾上腺素可能有助于保持高度专注和参与。

4. 血清素：与情绪稳定、满足感和快乐有关。虽然其与心流的直接关联不如其他神经递质那么明确，但在某些情境下，心流体验可能与血清素活动有关。

5. 内源性大麻素：是大脑中的另一种化学物质，与大麻中的 THC 有类似的效果，能够引起愉悦和放松。在某些体验中，如锻炼引发的心流，内源性大麻素可能也会释放。

# 参考文献

[1] Csikszentmihalyi, M. (2008). Flow: The psychology of optimal experience. *Harper Perennial*.

[2] Nakamura, J., & Csikszentmihalyi, M. (2009). Flow theory and research. In C. R. Snyder & S. J. Lopez (Eds.), *Handbook of positive psychology*, 195–206.

[3] Cheruvu, Ria. (2018). Traits of Flow According to Mihaly Csikszentmihalyi. (positivepsychology.com) *The Neuroscience of Flow*. 10.13140/RG.2.2.12520.57608.

[4] Csikszentmihalyi, M., Csikszentmihalyi, M., Abuhamdeh, S., & Nakamura, J. (2014). *Flow. Flow and the foundations of positive psychology: The collected works of Mihaly Csikszentmihalyi*, 227–238.

[5] Csikszentmihalyi, M., Abuhamdeh, S., & Nakamura, J. (2005). Flow. *Handbook of competence and motivation*, 598–608.

[6] Nakamura, J., & Csikszentmihalyi, M. (2002). The concept of flow. *Handbook of positive psychology*, 89, 105.

[7] Cooke, J. P. (2003). Flow, NO, and atherogenesis. *Proceedings of the National Academy of Sciences*, 100(3), 768–770.

[8] Gad-el-Hak, M. (1989). *Flow control*.

[9] 陈洁，丛芳，康枫．基于心流体验视角的在线消费者购买行为影响因素研究 [J]. 南开管理评论，2009, 12 (02): 132–140.

[10] 方杰，陈诗思，程汤海，等．中文版电子游戏特质心流量表在大学生群体中的信效度 [J]. 中国临床心理学杂志，2023, 31 (05): 1176–1179+1183. DOI:10.16128/j.cnki.1005-3611.2023.05.029.

# 专注

## 注意力真的是稀缺资源吗？

上一讲，我们说了保持幸福状态的秘诀——心流，还特别讲到了它在我们学习和工作中的应用方法。但是到了这一步，还是会有朋友有下面的困扰。

——我也知道心流状态下效率高，我也已经为自己制定好了纯粹的任务和合适的难度，都已经万事俱备了，但问题是，我发现自己没有办法把注意力集中到这个任务上，我总是在被不同的事情分散注意力。注意力真的是稀缺资源吗？我怎样才能控制好注意力呢？

很不幸，在当下，注意力真的是一个稀缺资源，我们会发现，过去很稀缺的是物质，买大米还一度要凭粮票，但现在物质变得越发唾手可得，注意力却变得越来越稀缺。不仅各个商业平台在争抢你的注意力，就算没有这些商业平台的介入，你也很难集中注意力了，你需要做的事太多了，需要担心的事太多了，很多人一天需要检阅的信息相当于原始社会一个智人一生的知识量。很多人每天都忙忙碌碌，但很难留时间给自己，所以说，注意力已经是我们当下生命的货币，而我们每天 90% 的注意力，都是被浪费掉的。

那怎么办呢？今天，我们就由浅入深地讲一讲：专注。

## 初级阶段：获得专注的有效办法

熟悉我内容的朋友们应该看过我的 B 站频道，我已经出过好多期讲专注的视频了，里面就有很多可以让你抵抗诱惑、获得专注的好办法，结合当前科学理解，我把其中收获大多数人好评和认可的方法集中放在这里。

### 1. 一个俯卧撑法

这个方法是让你在无法专注完成一件事的时候，先把这件事的一个最小环节拿出来单独完成，比如你想要每天做 50 个俯卧撑，但没过两天，意志就被消磨殆尽了，与其这样，不如改成每天一个俯卧撑，这样不仅能让你开启的意志力降到最低，而且做完了这一个，你还能获得一个任务完成的正反馈，让大脑走完一个奖励回路。有意思的是，很多时候你会发现自己不知不觉就多做了几个。

同理，一些你知道有用但让你头疼的事情，也能这样开始。

写文章：

背单词：

出门跑步：

而这个方法的奥义在于，必须允许自己只做一个就算完成，完成后要给自己奖励，而不是心理负担。

## 2. 环境力场法

这在我的视频当中已经多次讲到，让你的大脑熟悉在某一个环境下专门做某件事情，比如在床上就是睡觉，在书桌前是工作，在沙发上是玩游戏。而如果你只有一台电脑、一部手机，怎么办？那就给自己设置一个休闲模式、一个工作模式（就像 Windows 可以设置多个桌面，苹果手机有多个专注模式可以设置，华为手机也有专注模式）。

其实这些都是辅助你创造环境的方式，当你没法集中注意力的时候，只要让自己待在这个环境里面，就给大脑起到了暗示的作用。同样，对环境力场的设计也需要你警惕对自己刺激很大、吸引力很强的东西，方法如关闭短视频 App 的竖屏模式、提醒功能，或者干脆把手机变成黑白屏幕，你可以根据自己的需要进行选择。

但在为自己创造环境力场之前，我还有一个建议是，先给自己做一个注意力自查练习，就是在一天结束的时候，先回顾一下自己的浏览记录，看看自己是在哪个地方走神的，走到哪里去了，再回顾一下自己的这一天在哪些事情上面花去了让自己后悔的时间，比如：

这样的自查练习持续一周以后，你就会知道自己需要在哪方面进行环境力场的设计，这样才更有针对性！因为适当的走神也是需要的，这是我们创造力的来源，我们不需要时时刻刻专注，只要避免让我们后悔的那部分走神，我们就会发现自己已经重新筹得了很多时间。

### 3. 番茄工作法 PRO（专业）版

很多人都知道番茄工作法，先设定一个时间，比如 25 分钟，然后时间一到，不管是否完成工作，都要强制休息 5 分钟，有很多朋友甚至为此还下载了专门的 App。我说的这个 PRO

版，到底有哪些不同呢？就体现在我们在实际使用番茄工作法时的一些细节上：首先，你的专注时间不是非得 25 分钟不可，你可以从自己能接受的最短时间开始，比如从 15 分钟开始，慢慢加长。

其次，如果你在工作时进入了心流状态，那就不要去管什么番茄工作法了，不是非要休息不可，你完全可以保持状态，不要白白浪费了自己的心流体验！

再次，在休息时间最好不要做那种会造成注意力残留的事情。什么叫注意力残留呢？比如玩个游戏副本，5 分钟时间根本完成不了，就算完成了，你的注意力也会留在游戏里，所以要选你能收回注意力的事，而且最好是那种和你的专注任务有明显反差的事，比如你的专注任务是写报告，那么这 5 分钟用来散步、给自己弄点喝的、做个拉伸、看看风景是更好的选择，这样可以在休息时调动你的不同脑区，回来时更加神清气爽。

最后，有不少人喜欢把番茄钟结合音乐来使用，这当然是可以的，专注工作时听音乐，熟悉的音乐会比陌生的音乐效果更好，但是，所选的最好是没有歌词的，因为歌词会激活你与处理语言相关的脑区，而这反而会影响你的专注力。

### 4. 被“监督”法

该方法来自一位加利福尼亚大学的学者——格洛丽亚 · 马克的研究，其研究发现：只要你暴露在别人的目光下，你把一件事坚持下来的概率就会提高。比如去健身房，是因为一群人一起锻炼，比一个人更容易坚持。又如去图书馆上自习，是因为大家一起学习好像更轻松。

而在国外，已经有人用这个原理做起了生意。比如，有个软件叫“Focusmate”（焦点伙伴），专门帮自由职业者找工作搭子。一个人干活容易走神？这个软件就帮你找一个同样从事自由职业的陌生人。你俩把摄像头打开，互相盯着，就不容易走神了。又如，还有个平台叫“Flow Club”（心流俱乐部）也推出过类似的业务。

### 5. 放慢节奏法

这个方法的奥义是，主动去做一些“无聊”的事。什么事情对你来说比较无聊呢？国外有人发现了一件，就是去看家用电器的说明书。为什么“主动无聊”会对缓解 ADHD（Attention Deficit and Hyperactive Disorder，注意缺陷与多动障碍）有帮助呢？因为成人 ADHD 的主要原因，是我们的大脑适应了快节奏的东西，比如短视频。对大脑来说，快节奏的氛围就是一种自动的节拍器。而做点无聊的事，本质就是让大脑离开这个快节奏的节拍器，去适应更慢的节奏。所以如果你觉得散步无聊，就去散步；觉得看风景无聊，就去看风景；觉得练字无聊，就去练字。只要放慢自己的节奏，就会起效果。

### 6. 暂停法

这是我自己最常用的一个方法，当我知道自己应该停止手上的动作却停不下来的时候，比如应该睡觉却在刷手机，我知道，我的注意力已经被带走了。

这时我会问自己一个问题：我想暂停几分钟？可以是 1 分钟，也可以是 3 分钟，给自己设一个闹铃，把这几分钟的时间，全部交给自己。凡是试过的朋友都知道，“暂停”往往是我们最难熬的状态，我们的注意力总是从一个点转向另一个点，如果没有可以投注的地方，我们的脑子就会胡思乱想。

所以，我在这里，给大家介绍一个“3 分钟呼吸空间”的练习，引导大家把注意力投注到自身。每天只需要 3 分钟的时间，**锻炼暂停的能力，就是锻炼我们的“注意力”肌肉**。就像肌肉会越练越发达一样，注意力的肌肉也会越练越自如。一段时间以后，你会发现你控制注意力的能力得到了显著的提升。

## 高级阶段：对付成人 ADHD 的绿色方法

前面的那些方法，对付轻度的注意力涣散基本是够用的，现在让我们再深入一步，探索一下真正的注意力障碍。我有一位朋友，研究专注力多年，将以上方法全部都试过一遍，发现没有效果，不得不去医院，最后他得出结论：我发现我有 ADHD。

ADHD 是注意力缺陷与多动障碍的简称，也就是俗称的多动症。我们经常听说某些小孩会得 ADHD，但其实成年人也一样会有，在中国，已知的成年 ADHD 的患者数量超过 2000 万人。而根据《美国医学会》杂志公布的一项研究，有 ADHD 的成年人，患上阿尔茨海默病的风险，要比普通人高 3 倍左右。但为什么我们还会把 ADHD 当作一种儿童病呢？那是因为孩子往往普遍在学校接受教育，ADHD 会带给他们更大的困扰，因而孩子患病更容易被发现罢了。

但今天，我要给大家澄清一下对 ADHD 的误解，这其实并不是一个缺陷，很多很有创造力的名人，包括企业家、脱口秀演员、发明家、艺术家、作家，甚至包括脑外科医生、投资银行家也是 ADHD 患者，他们大脑的特点是，奔腾不止，有一台“兰博基尼的发动机”，却装着“脚踏车的刹车片”。

这时，也请你不要急着对号入座，ADHD 需要专业的临床诊断，在这里，我们先通过 ADHD 的底层逻辑，来了解一下我们的大脑是如何进行工作的。在大脑里，有三个神经网络。

中央执行网络：负责调用注意力完成手上的工作，好比一个聚光灯，照到哪里，就专注到哪里。

凸显网络：负责评估各种信息的重要性，切换注意力，就好比一个双面开关。

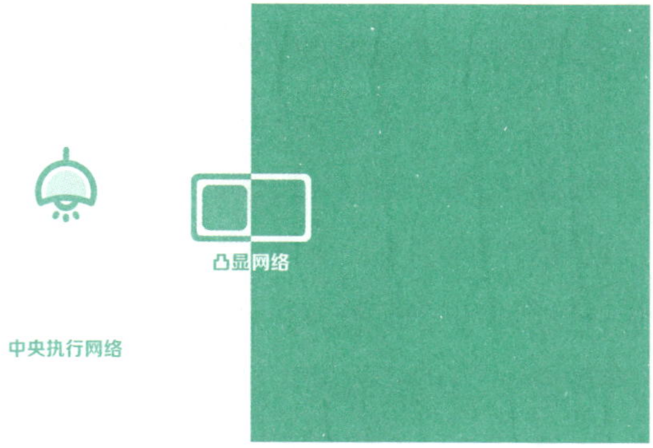

它如果把聚光灯关上了，就会把窗帘打开，让明晃晃的阳光进来，你的注意力就会在整个空间中漫游，这就说明，你进入了“默认模式网络”（Default Mode Network，DMN）。没错，这个网络就是负责胡思乱想和做白日梦的。你可不要小看这个网络，觉得它是浪费时间，默认模式网络是想象力和创造力的来源。

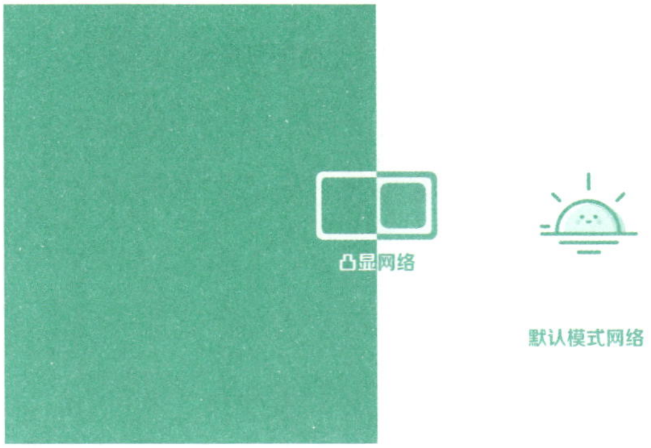


我们的大脑之所以会进行创造性的工作，就在于我们能经常在“聚光灯”和“白日梦”当中切换。

就拿我们前面说的番茄工作法举例子，它就是引导我们在两个网络之间来回切换的方法。番茄钟一开，到“聚光灯”下好好写作业，时间一到，提醒你切换到“阳光”中放飞一会儿。放飞得差不多了，再切换回来继续写。注意：人一次只能在一个网络当中，中央执行网络打开，默认模式网络就自动关闭，你会发现，就算我们平时不用番茄钟，也都是这样用脑和思考的。

但是，番茄钟对 ADHD 却很难有用，为什么？因为 ADHD 的大脑一旦进入了默认模式网络，就很难切换回来。好比风筝断了线，飞了。

而这还不是最麻烦的。

默认模式网络又分为两部分。后半部分叫后扣带，是关于过去的回忆；前半部分是内侧前额叶皮层，是关于未来的想象。正常人的默认模式网络会前后平衡工作，就是我们常说的思前想后的状态。而 ADHD 的大脑倾向于滑落到默认模式网络的后半部分或者前半部分不能自拔。这意味着，如果陷入了回忆，特别是痛苦的记忆中，就会“想不开，出不来”；而陷入前半部分，就会对未来的事情焦虑不已，编出各种根本没有发生的剧情困扰自己。

那应该怎么办呢？

有人说答案显而易见啊，你得跳出这个网络啊！

但是 ADHD 患者跳不出来。他们的大脑在那种状态下不知道自己应该跳出来。

这种情况又该怎么办？

2021 年有一本新书横空出世，名字就叫 *ADHD 2.0*，书的两位作者都是哈佛毕业生，而且还都患有 ADHD。这本书刷新了我们对 ADHD 的认知，过去我们觉得对付 ADHD 只能吃药，他们却给我们提供了不采用药物的绿色方法。接下来，我就融合这本书中提到的方法和当前国内外受到较高认可的对付 ADHD 的绿色方法，做一个总结。虽然你可能并不是 ADHD 患者，但是如果你连 ADHD 都知道怎么对付，那么解决注意力问题就更不在话下了。

## 第一个方法：锻炼小脑

早在 1998 年，科学家就发现小脑不仅能负责调节身体的平衡，还能调节情绪的平衡。小脑出问题，你会很容易陷入某种情绪之中。2004 年，人们又发现小脑能减少我们思维、感觉和行为的不稳定波动。那么很自然地，就有人猜，小脑能不能也帮着调节我们大脑的两种网络的平衡呢？结果是真可以！最新研究发现：ADHD 患者小脑中线的中央地带，比正常人稍微小了一点，可能 ADHD 的硬件问题就出在这里。

紧接着下一个猜想就是：既然小脑负责身体平衡，那我如果多做一些身体平衡方面的训练，让小脑变得更强壮一点，这个更强壮的小脑，是不是也会变得更善于调节两个神经网络，进而治疗 ADHD 呢？

实验证明，的确可以，而且训练方法非常简单，就是我们常用的平衡训练。研究表明，患有 ADHD 的儿童用平衡方法治疗了 6 个月，情况就有明显的改善。

那有哪些平衡训练可以做呢？其实选项还是很多的，而且做起来还很有返璞归真、回到童年的趣味。

比如由易到难的就有至少这些：

**青铜**

**平地上单腿站立一分钟**

**白银**

**原地旋转，感到头晕之后自己找平衡**

**黄金**

**闭着眼睛单腿站立一分钟**

**铂金**

**站在平衡板上，睁着眼睛找平衡**

**钻石**

**在地上放 5 样东西，单腿站，**

**一个个把东西捡起来**

**星耀**

**在平衡板上，闭着眼睛找平衡**

**王者**

**在平衡板上抛球接住**

（这个动作甚至可以增加难度，一直达到杂技演员水准。）

### 第二个方法：舒尔特方格训练法

这是德国心理医生沃尔特·舒尔特发明的，原先用来训练飞行员的注意力，后来发现对轻度 ADHD 也有帮助。这个方法的原始版本是，先准备一张纸，画上 5×5 的 25 个方格，每个方格里有特定的数字或图案。然后，让飞行员记住这些数字和图案的位置。你要是能够全部记住，并且写出来，恭喜你，说明你的注意力不错。

要是嫌这个方法麻烦，还有一个简化版本。还是在一张白纸上，画上 5×5 的 25 个方格，但是不用在里面画复杂的图案，只需要随机填上数字 1 到 25。然后用手指逐个指着这些数字，指到的同时，大声念出来。你会发现，当数字被打乱顺序后，很多人未必能第一时间读对。这就需要训练了，随着你读对数字所需的时间越来越短，专注力也会越来越强。

### 第三个方法：情感联结

根据 *ADHD 2.0* 的两位作者剖析，可能影响你跟别人关系的一个重要障碍是你不愿意寻求帮助。临床经验也表明，一个人一旦被确诊为患有 ADHD，如果他病情没有改善，最重要的原因就是他拒绝接受帮助。而有质量的情感联结为 ADHD 患者提供了一个安全、稳定的环境，能减少压力和焦虑，帮助 ADHD 患者更好地接受自己的状况，减少否定和自我批评。两位作者更是在书中给出了以下几条直接的建议。

- 每天跟爱的人吃晚饭。
- 跟朋友定期聚会。
- 永远都不要独自担心。

他们甚至建议，可以去参观一下墓地。虽然由于文化习俗，我们中国人可能特别不爱去那个地方，但是我觉得，墓地和大海、高山一样，都能让我们发现某些比我们更大的东西，比如天地，比如生死，宇宙很大，你很小，但你却存在着，勃勃的生命跳动着，你和宇宙是一体的。

“若觉世界无趣，

可能是你活成了别人的

复制品。”

“我本没有脸，

别人的眼睛织成了我的脸。”

“人生的意义，

是你用每一个‘不想死’的

瞬间写成的。”

“你不需要
被所有人喜欢，
但必须学会
喜欢自己的选择。”

“幸福不是终点，
而是与痛苦共舞时
踩准的节拍。”

### 第四个方法：尽情释放

ADHD 的大脑会让你突然爱上一个项目、一个计划或者一个人。情绪来了你无法遏制。这种性格会给你带来麻烦，但也可以带来巨大的成功，关键是选对方向。我们可以问问自己，有没有什么事是我做起来毫不费力，别人看到却大加赞叹的呢？可能这就是方向。ADHD 大脑都有强烈的创造欲望，你要找个领域把这个欲望抒发出去。ADHD 到底是疾病还是特长，分水岭就在这里。

### 第五个方法：多多运动

多动有助于治疗多动症，这是有科学依据的。运动的好处在我的课程中已经被多次提到，而在对付 ADHD 的问题上，你得知道一点：那些治疗 ADHD 的药物，原理就是增加大脑中多巴胺和去甲肾上腺素的浓度，这两种激素能够提高人的警觉性，让人更容易维持注意力。而像跑步这样能让你心率加快的运动，恰恰能让大脑自动分泌这两种激素。而且运动还能加快脑神经细胞的生长和连接，而这种连接又能增强凸显网络——开关的“肌肉强度”，可以说是好处多多！

## 3 分钟呼吸空间练习

最后，我为大家准备了一个 3 分钟呼吸空间的练习，这是正念冥想中一种非常经典而又相对简洁的练习，开创者是大学正念研究中心马克·威廉姆斯教授。它只需要你在一整天的忙碌中，取三五分钟的时间，短暂抽身，经由这个练习，把一直投注在外的注意力带回来，重新关注自己的内在体验，与自己的身心重新联结，然后再带着这份觉知，与更大的世界相联。

好，让我们开始吧。

无论你现在是站着还是坐着，请先将身体挺直，然后让自己开始觉知当下，作为进入呼吸空间的第一步。

如果环境允许，你也觉得舒服的话，可以把眼睛微微地闭上，或者也可以把目光柔和地放在自己的前下方。

无论是睁着眼睛还是闭着眼睛，开始让自己觉察内在的体验，对它开放，并轻声问自己：我现在所感觉到的是什么？我的头脑里有些什么念头？

尽可能地让自己留意到这些念头，你可以想象它们就像是写在水面上的文字，浮现出来，又慢慢消失。

我此刻又有什么样的情绪浮现？

请对这些情绪开放，不论这些情绪给你带来怎样的感觉，是让你愉悦的，还是不愉悦的，抑或是中性的……

我们经常容易被情绪和念头带着走，而当你给这些情绪和念头命名的时候，就好像是给它们套上了打包盒，你明白，打包盒和你不是一回事，你很容易把它们送走……

——给自己 1 分钟静默的时间。

现在，进入呼吸空间的第二步，请集中所有的觉知，将注意力放在腹部，放在呼吸给腹部带来的感觉上……

觉察腹部随着呼吸起伏，感觉腹部在吸气的时候膨隆扩张，在呼气的时候微微内沉。

保持全然的觉知，深深地吸气，深深地呼气，让呼吸带着你安住在当下……

——给自己 1 分钟静默的时间。

第三步，将你对呼吸的觉知拓展开来，好像一股暖流从中间扩散，除了感受呼吸在腹部带来的感觉之外，也感受着整个身体、你的姿势、你的面部表情，从内心去感觉它们，仿佛你漂浮在水面上。

如果你开始觉察到身体有任何的不舒服或者紧绷感，试着在每次吸气时，温柔地将气息带到那些身体部位，也从那些部位呼气。

也许你会在每次呼气时慢慢感觉到放松、舒缓。

如果你想要的话，也可以在每次呼气时对自己说：

“它就在这里，不管那些感觉是什么，它已经在这里了，就让我感觉它吧。”

——给自己 1 分钟静默的时间。

现在，尽可能地将这份宽广、接纳的觉知带到一天里的每一个时刻，无论你目前身在何处，无论你接下来要做什么，你永远都知道回到自己内心的路。

# 参考文献


[1] 张军，文飞球，张佳楠，肖金利，张蔚，周克英，陈言钊．(2014). 小脑运动训练对注意缺陷多动障碍患儿疗效的研究．中华儿科杂志，52(4), 287-291.

[2] 潘圆圆，陈银花．(2021). 儿童注意缺陷多动障碍的非药物治疗研究进展．发育医学电子杂志，9(5), 390-395.

[3] 宋丽敏，毛荣建．(2023). 小脑异常与发展性阅读障碍的关系研究．*Advances in Psychology*, 13, 3209.

[4] *ADHD 2.0* by Edward H. Hallowell, MD and John J. Ratey, MD.

[5] Strayer, D. L., & Johnston, W. A. (2001). "Driven to distraction: Dual-task studies of simulated driving and conversing on a cellular telephone." *Psychological science*, 12(6), 462-466.

[6] McClellan, K. (1996). Driven to Distraction, by Edward M. Hallowell and John J. Ratey. *EMPLOYEE ASSISTANCE QUARTERLY*, 11, 91-92.

[7] Barkley, R. A. (2020). *Taking charge of ADHD: The complete, authoritative guide for parents*. Guilford Publications.

[8] Dawson, P., & Guare, R. (2016). *The smart but scattered guide to success: How to use your brain's executive skills to keep up, stay calm, and get organized at work and at home*. Guilford Publications.

# 复利

## 我能获得持续的成功吗？

问你个问题：你想成为一个别人都觉得很牛，唯独你自己觉得很失败的人呢，还是成为一个自我感觉很牛，别人觉得很失败的人呢？请先别急着往下看，问一问自己，想一想之后，再接着看下去。

这个问题，其实指向了一对矛盾，那就是我们看待自己是用内部记分卡，还是用外部记分卡。用外部记分卡的人需要根据别人的看法给自己打分，容易让自己成为别人看法的奴隶，所以我们常说，成长就是要用内部记分卡，听从自己的心。但内部记分卡的计分标准，难道和外部是脱节的吗？当然不是，成长和成功的关系就是这样。我们是要用内部记分卡，但这个记分卡的塑造也离不开外界环境。

这节的标题比较特殊——“复利”。你一定会觉得这不是一个经济学或者数学中的概念吗？为什么要用在个人成长上面呢？难道说……你猜得没错，个人成长和获得成功，这件事也可以是指数级的，我们只需要找到其中的四个关键词：种子、杠杆、时间和本金。在我开始细细地讲述之前，我需要先阐明一下我个人对于“成长”比较非主流的理解。

## “成长”就是喂养模型的过程

让我借助现在非常流行的人工智能的概念做个比喻。你会发现从 2023 年开始，涌现出来的这波人工智能普遍有一个特点，就是它们都是一种“黑箱”：你可以给一个人工智能喂许许多多材料，让它自己去发现规律，它发现了某种规律以后，就真的能帮你解决问题了。比如：给它喂检测乳腺癌的 CT（Computed Tomography，子计算机断层扫描），它变得比人更能识别乳腺癌；给它喂抗生素的化学式，它就找出了不会有耐药性的抗生素；给它喂梵高的画作，它比梵高画得更梵高……

关键在于，它获得的这种“知识”就像一个黑箱，它没法用人类语言来向你描述，我是怎么模仿梵高的，其中的规律在哪里，它就像是一个炼丹炼成的“法器”。而我们人类的成长，其实也是这样一个炼丹的过程，这个最终成型的“法器”就是我们自己，或者更确切地说，是我们的认知行为模式。

大家还记得我们前面说过的那条裙子吗？我们处理世界上的信息，都好像海豚的声呐系统，先提出一个预设，再根据预设调整，而这个预设是自动的，就像你自动认定了这张照片到底是白天拍的，还是晚上拍的，继而给出了不同的结论。你看待世界上的所有信息，都会有这样的一个预设，而这个预设是自动的，不受你控制的。这时有人会问：

——既然我们的“法器”都不受控制，那我们还谈何成长呢？

关键就在这里，你虽然不能改变“法器”，但可以改变喂养“法器”的材料。你的五感每时每刻都在搜集生活中的数据，这些数据对你形成刺激，各种刺激的感官印象在你身上造成了一个独特的模式，这个模式慢慢塑造了你的各种行为倾向性，倾向的时间变长后就成了你的性格，而性格固化，就成了你的本性。

这就可以理解为什么我希望大家从微习惯开始着手了，因为微习惯让你很容易获得一个任务完成的回路，给你一个名叫“成功”的刺激。为什么我让大家每天写感恩日记呢？因为这个动作让你形成“关注好事情”的思维模式。为什么我建议大家多用策略思维呢？因为策略思维会带给你新的刺激，引导你的行为倾向发生改变。

所以，成长就是一个寻找特定材料喂养模型的过程。

那么，同样是喂养模型，我有什么办法可以比别人更快一些呢？怎么保证我喂养的过程不失控脱轨呢？答案就在本节的标题——复利，以及它的四个关键词“种子、杠杆、时间和本金”中。

## 寻找复利的种子

第一个故事来自小王，小王在一家民企工作，因为是新人，他总是被领导或者老板叫去端茶倒水。小王进公司是做销售的，但在这座城市也没有什么人脉，他觉得如果一直跟着老板，应该可以获得一些人脉，所以对这些工作都挺积极的。而现在的情况是一到下午，老员工都能出去跑业务（甚至有些“老油条”还能趁机偷偷懒），但小王不行，动不动就被领导留下了，要陪吃饭或陪喝酒，就这样熬了一个月，业绩比同事差了一大截，小王为此纠结不已。

第二个故事来自老陈，老陈是大学教授，在学校里很有口碑，被推举为“教职工代表大会”的主席，还兼任副校长。但老陈发现，最近这两年自己身上事务性的事情越来越多了，上午上完课，下午就是开会，学校的各项活动也越来越多地找上他，让他拍板，他想如果有一天自己能升任校长倒也不错，所以对这些事情都不敢拒绝。直到最近，他无意间听到了学生们的私下讨论，觉得陈教授在公开课上的案例都太旧了，不合时宜，甚至有点嘲弄他的味道，老陈为此非常难过。

故事中的小王和老陈，其实都有同一个痛苦：他们不知道自己手头做的事情是不是可以扩展的，是不是可以产生复利效应的。小王端茶倒水，看似拉近了和老板的关系，但换了谁都能做，工作20年的员工和刚来的新人能拉开什么差距？老陈的事务性工作，看似给他带来了升迁，但其实剥夺了他学术研究的时间，以致他被学生吐槽。

高手的成长方式，不是日复一日地重复，也不是碰运气去挖宝，这儿来一锹，那儿来一耙，而是去寻找一颗神奇的种子，好好培育，让它长起来，产生复利效应。你得对这颗种子非常敏感才行。

找对了种子，就是找对了复利的方向。因为这个世界在某种程度上就是一层一层彼此交错的网。在每一层网络中，你接入的资源都是不同的。所以，每当你的能力上升一个层级，你都会接触更高一级的资源网络，这个时候会有更多、更好的资源被卷入。比如小王，S级的销售和A级的销售能接触的客户资源就是不一样，遇到真正的谈判，老板能派出S级，肯定不会派出A级，而小王作为跟班，貌似出镜率很高，但其实，他的销售能力如果没有得到提升，即使和大客户站在一起，订单也不可能属于他。又如老陈，他觉得校长的头衔闪闪发亮，但其实，学校里的核心仍然是做出学术贡献的人，学校来了一位海外专家，必然要请学校这方面的顶级学者与其对谈，而这样的机会就会成为他进入国际舞台的飞轮。这颗种子，能不好好选吗？

## 用好时代的杠杆

我们都知道什么叫杠杆，但什么是时代的杠杆呢？那就是在一个时代中，能帮你做乘法、让你的努力能实现规模化的东西。截止到目前，我们的世界上，有过三种杠杆——

第一种是“劳动力杠杆”。这是最古老的杠杆。地主让多个农民替他干活，他从每个人身上剥削一点，自己就富了。这种杠杆效率低不说，名声也不好听。

第二种是“资本杠杆”。把资本投入工厂扩大规模也好，拿资本入股决定公司发展也好，在资本杠杆下，你的眼光、你的冒险精神、你的才干都被放大了。

而最后一种也是最新出现的一种杠杆，是复制边际成本为零的产品，我叫它“复制杠杆”。比如，你写个应用程序拿到手机应用商店里卖，你只要写一遍，它自动复制，数量上你可以卖无穷份，这是最容易的乘法，你做了个短视频放到平台上去播放也是一样。而如今在中国出现的这波制造业和供应链红利，又让很多实物产品的复制边际成本几乎降到零，这也是为什么这几年如 3D 打印玩具之类的网红商品层出不穷的原因。

## 持续足够的时间

有一次有人问巴菲特：你的投资理念很简单又都是公开的，而且你是世界上最有钱的人之一……为什么大家不直接复制你的做法？巴菲特说：因为没有人愿意慢慢地变富。

那么请问，这个“慢慢变富”能有多慢呢？

90 多岁的巴菲特目前的身家有 1000 多亿美元之多，是世界上最富有的几个人之一。那么你可以猜想一下，巴菲特 50 岁之后挣到的钱，占他所有身家的百分之多少？

我想很多人会猜 30%、50%，甚至 70%、80%，但实际的答案是：99.8%。是的，巴菲特全部身家的 99.8%，都是在他 50 岁之后累积的。

所以，当我们认为巴菲特很有钱的时候，其实看到的是他人生后半程所累积的巨额财富——虽然年轻的巴菲特比起一般人也富有多了，但远远称不上顶级富豪。

有一个常常被人忽略的事实是：纵观一个人的一生，他走向成功的过程，和我们的直觉想象是不同的，这并不是一个线性累积的过程。

我举几个例子你就明白了：59 岁的马云，90% 的资产都是 50 岁以后挣得的；希区柯克最具影响力的作品《西北偏北》和《惊魂记》拍摄于他 60 岁和 61 岁的时候；“中国火箭之父”钱学森的主要贡献也在 50 岁左右；数学家张益唐在数论的突破性成就，发生在他 50 岁以后；达尔文的《物种起源》发表在他 50 岁之后。

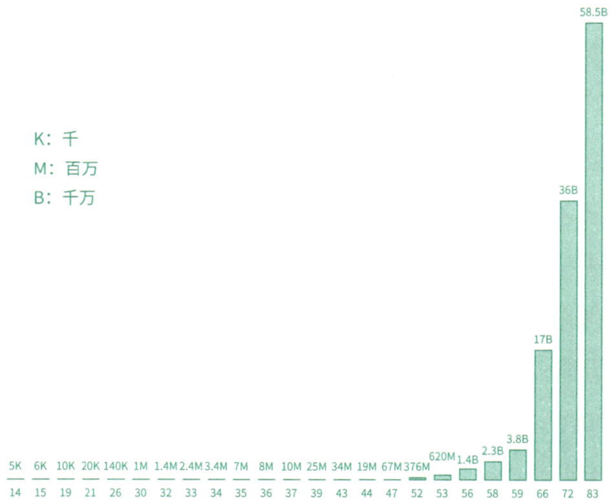

巴菲特的年龄与净值

我们生活中那些少年得志的案例总是特别博人眼球，以至于很多人觉得出名要趁早，成功也是一样，但懂得复利的人都知道，这个“慢慢变富”的“慢”字就是这么慢。

所以才有巴菲特那句：没有人愿意慢慢地变富。没有人愿意慢慢地等待自己的那份荣誉，没有人愿意这么慢，大家都想快一点，而陷阱就在这里。**一些人忍不住想要博取短时间内不合理的高回报，但这么做的本质，是在和概率作对。**成长是我们一生的课题，我们需要有忍耐寂寞的勇气。有的人 20 岁就嫁人生子，有的人 30 岁了还在寻找目标，有的人为了车子、房子拼了一辈子，有的人骑摩托走了半个中国。等你埋好了自己的种子，就注定了你需要的时间，你没有领先，也没有落后，每个人的花期不同，甚至有可能你永远都不会开花，因为你是参天大树。

## 永远不要丢失“本金”

数学无情地告诉我们：无论你有多少钱，你能亏掉的最大幅度都是 100%。

成长，是与世界的重复博弈，你用一生的时间去玩这个游戏，最糟糕的情况便是提前输光本金。哪些是你的本金呢？只有三样：

你的身体健康、你和他人的关系、你的热情与爱。

## 最后满堂说

生活中的所有回报，几乎都来自复利。不管是人际关系、爱情、健康，还是习惯，都是这样。做个简单的计算，假设每天你能够进步 1%，那么 1.01 的 365 次方就是你一年进步的总量，这个总量是多少呢？答案是约 37.8%。换句话说，只要你肯多努力、多进步 1%，然后坚持一段时间，那么你获得的回报就会比你想象中多很多。所以，找到种子，用好杠杆，给足时间，保住本金，同时千万不要低估我们的那些小努力。

## 推荐作者及其研究领域

丹尼尔 · 卡尼曼（Daniel Kahneman）——行为经济学和决策制定心理学。

卡罗尔 · 德韦克（Carol Dweck）——成长心态研究。

斯蒂芬 · 科维（Stephen Covey）——个人效能和领导力。

托尼 · 罗宾斯（Tony Robbins）——动机提升和个人成就。

布琳 · 布朗（Brené Brown）——漏洞、勇气和真实性的研究。

詹姆斯 · 克利尔（James Clear）——习惯形成和改变。

安吉拉 · 达克沃思（Angela Duckworth）——毅力和热情的力量。

约翰 · 瑞迪（John Ratey）——大脑健康和运动的重要性。

第四章

# 思辨脑

一块思维的
磨刀石

# 认知

## 认知科学帮我们更好地思考

现在，我们开始本书的第四部分：思辨脑。这是一块思维的磨刀石，我们将会讨论：为什么现在越来越多的人没有了意义感；如何面对这个祛魅了的、没有正确答案的世界；如何准备好充足的能量，去创造自己的故事。在这一部分，我还将找来古代先哲和后现代思想家与大家一起进行思维碰撞。下面我们进入第一节知识：认知革命。

这是一场从 20 世纪 60 年代一直持续到现在的革命，在认知革命之前，人们都认为心智能力具有与生俱来的属性，就跟基因一样，是难以改变的。但认知革命以后，我们发现，心智并不是默认属性的，它是一套计算过程，而计算过程，是可以改变的，这就为我们追寻自己的幸福生活找到了更多的可能性。

大家还记得我们之前讲过的一对兄弟的故事吗？同样面对

充斥家庭暴力的童年，哥哥和弟弟的解读却不一样，长大后哥哥成了逃犯，弟弟却做了议员。兄弟俩的心智模式，也就是计算方式的不同，造就了他们不同的人生。而今天，我将更进一步，把认知科学中最颠覆常识的三个发现告诉大家，我敢保证，在了解这三个常识以后，我们看这个世界的方式将会变得很不一样。

## “我”有很多隐身股东

有些朋友可能知道这个世界上有一种病，叫“盲视”。盲视患者的特点是：他们的眼睛其实没有任何问题，但是却认为自己看不见，而且是完全、始终、整体性的看不见（有些盲人的眼睛其实对光还有少许反应，但盲视是丧失对视觉的意识）。但吊诡的事情是：在一个摆满了家具的房间里，盲视患者虽然看不见，却会避开一些障碍物。

有这样一位女士，她得了盲视症的变种——左半脑忽视症。左半脑是管右边视觉的，因此她看前面的时候，她觉得自己的右眼是看不见的，只能靠左眼视物。

研究人员给这位患者看两张一幢房子的不同照片：第一张照片是没着火的房子的照片；第二张则是右半部分着火了的房子的照片。

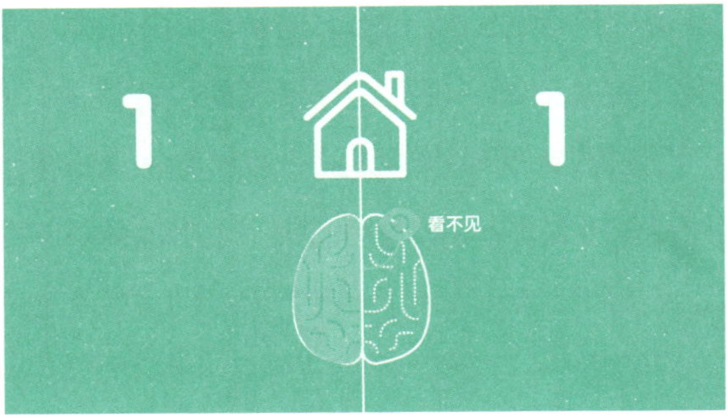


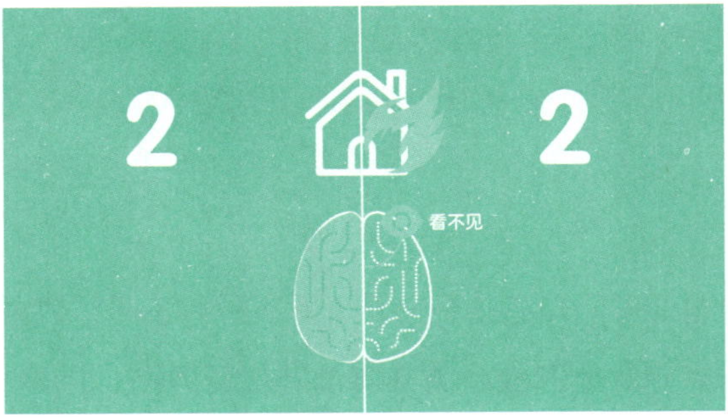


研究者给受试者看两幅画，受试者的视野是受控制的，左眼只能看到画的左半部分，右眼只能看到画的右半部分。

研究人员：这两张照片有什么不一样？

患者：是一样的。

研究人员：你会选择在哪一幢房子里住？

患者：第一张照片里的房子（没着火的房子）。

这位患者明智地选择了没着火的房子，但如果问她为什么不选择第二张照片，她说不上来——就和那些盲视患者会主动避开家具一样，她的决策是对的，但说不出做这个决策的原因。

这些故事，其实揭示一个近二三十年来认知心理学上很重要的发现：多达 90% 的认知是无意识的。

所谓“无意识”，是你认知到了，但你没觉得你认知到。行为心理学大师卡尼曼说：“我们对我们的盲视是盲视的。”从某种角度来说，我们每个人都是一个盲视患者，而且对自己这种盲视完全没有意识——我们的认知当中，90% 的“股东”是我们不知道的，但作为股东，“他们”有自己的投票权，“他们”也在悄悄影响我们最终的决策和效果。

那些隐身股东又是谁呢？答案就在我们下一个颠覆常识的概念里。

## 大脑、身体和时空

说到隐身股东在哪里，就引出了一个概念，叫“具身认知”。什么意思呢？就是过去我们以为认知只跟头脑有关，但实际上，认知跟我们的身体状况以及身体所处的时间和空间是密切相关的。

过去我们一直假设只要能给大脑输入电信号，我们就能实现“缸中之脑”，甚至未来可以通过意识上传直接物理飞升，但现在看来，身体和时空也是我们意识的一部分，意识上传的构想还有很长的路要走。

根据当前科学理解，认知不仅仅来自大脑，那么认知又是怎么来的呢？至少得有三部分。

认知 = 身体体验 + 心理状态 + 环境因素

心理学家通过大量实验发现：一个人对一个问题的想法、最终得出的结论，以及能否得出结论、得出结论的速度、结论的最后结果——都受制于一些特别感性的事情。

比如，有一个实验是这样的：几个人做一道费脑子的数学题，得分和答题的速度会出现完全不一样的结果，而这个结果跟一个小到微不足道的因素有关——房间的灯。在台灯下，人们答题的效率、正确的程度要明显高于在顶灯下。

还有一个实验居然通过肉毒杆菌缓解了人的抑郁症，而且这个缓解程度，居然高达47%。这是怎么做到的呢？英国的研究团队进行了追踪调查，发现使用肉毒杆菌消除眉间皱纹的人，比用它消除鱼尾纹或者其他部位皱纹的人，情绪上的改善更为明显。为什么？因为用了肉毒杆菌，眉头就皱不起来了，人一旦不能皱眉，就会影响我们的认知，觉得好像也没有那么悲伤了。

所以研究具身认知的科学家们经常会建议我们，平时很颓废的时候，千万不要做一些很颓废的动作去加剧颓废情绪，我们要做的是相反的动作，比如伸展四肢、昂首阔步，做出很自信的样子。四仰八叉地坐着，大步流星地走路，迈出六亲不认的步伐——身体先行，就能带动情绪跟上。相关的论文我就不一一介绍了，据我自己的亲身实践，这些方法对我真的很有效果。

## 我们都是解释机器

认知神经科学之父迈克尔·加扎尼加曾经做过一个震惊世界的“裂脑人”研究。所谓“裂脑”就是左右半脑分开了。那怎么会分开的呢？原来，这是20世纪40年代治疗严重癫痫病患者的最后一个手段，叫作切断胼胝体。所谓胼胝体，就是连接大脑左右半球的神经束，胼胝体被切了，左右脑的联系就断了。

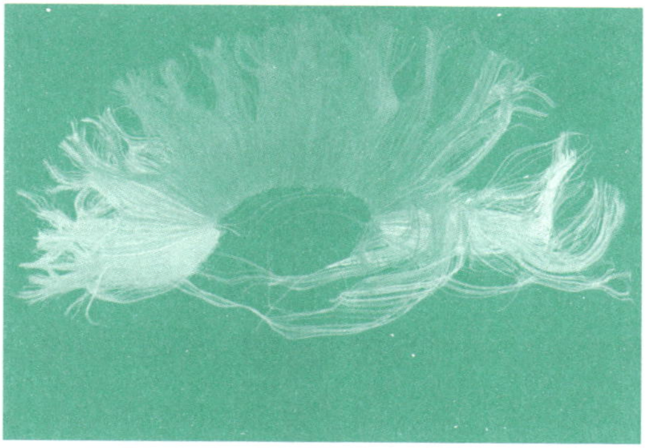

当时很多人就担心，这么一切，会不会造成左、右各出现一个独立意识，然后变成人格分裂呢？但事实上，这个担心是多余的，接受手术的人根本没觉得自己有什么变化。那问题来了，请问，你的自我到底在左半脑，还是在右半脑呢？

为了获得答案，研究人员请裂脑病人做了一些实验。他们发现，左右脑的连接切断之后，大脑交换信息的通道就被切断了，比如说左眼和右眼看到的东西，是不一样的。但是，无论如何，大脑都会有一个统一的、完整的解释。

比如，实验人员把裂脑病人的左右视野控制住，让他左眼只能看到雪山，右眼只能看到鸡，然后他让病人的左手——左手是由右脑控制的，而右脑看到的是雪山——去拿和看到的图案相配的东西，病人成功地选择了雪铲。

而有趣的地方在于，当问他为什么选雪铲的时候，他却回答：因为我要去打扫鸡舍。因为做出解释的，也就是负责逻辑思维的，是左脑，而左脑没有看到雪山，左脑看到的是鸡，而不管有多离奇，左脑都会为我们的行为做出一套解释，哪怕理由是胡编的，也不成问题。

事实上，和裂脑人一样，我们也都是这样靠左脑对世界进行解释的，不管我们客观上能接收到的信息是否完整，是否矛盾，“解释器”都会自动生效。大家可以回忆一下自己的梦境，会发现不管多么离奇，我们最后都能把梦编成一个有一定逻辑的故事。

那左脑的解释器为什么要这样工作呢？目前比较严谨的解释是，这个系统就是为了处理涌入大脑的大量信息才出现的。

假设我们处理信息的算力够强，我们就能计算出所有世界上的原子、分子的分分合合，所谓熵增也就不存在了，因为既然所有原子的运动轨迹都是能算出来的，那就根本不存在所谓

“混乱”，也不用去费心计算什么“混乱的程度”了。而正因为算力不够，我们用“解释器”给出一个简化版，才能加快运算速度。解释器就像胶水一样，能够把碎片信息拼接起来，形成一个完整的故事。有了这个完整的故事，人才能继续“运行”下去。

顺便说一句，故事是人建构意义最主要的办法。左脑的加工过程有个副产品，就是一种完整的、理性的自我感觉——是谁在解释这一切呢？是谁在解决这一切问题呢？这些问题也需要解释，于是答案就出现了：这就是自我。

所以，裂脑人实验给我们最大的启发是，我们本以为是先有一个“灵魂”或者说自我，然后再由自我产生各种各样的感受和思考，可事实却相反，意识是一种“涌现”，而不是一个“存在”。

## 我们都是“社会脑”

如果意识是涌现出来的，那人类区别于其他地球生物的这种高级思维能力，是因何涌现出来的呢？

A 艰难的环境；B 探索的欲望；C 八卦的冲动

先别急着回答，我们来做个实验。

第一道题是这样的：桌子上有四张卡片，卡片的一面写着字母，另一面写着数字。现在你能看到的四张卡片，分别写着 R、Q、4 和 9。规则是，如果卡片的一面是 R，则另一面必然是 4。你需要翻动哪几张卡片，才能证明这条规则是真还是假?

听到这儿，你可以暂停一下想一想。答案其实很简单，就翻 R 和 4 那两张卡片。

好了，现在换一道题：牌桌上坐着四个人，第一个人 16 岁，第二个人 21 岁，第三个人在喝可乐，第四个人在喝啤酒。只有年满 21 岁的人喝啤酒才合法。如果让你执法，你应该去查谁?

你会想，这个太简单了，就是查 16 岁的和查喝酒的呗。

现在你应该明白我要说什么了：这两道题其实是同一道题，但第二道题显然比第一道题更容易，实验结果也证实了这一点。只有 5% ~ 30% 的人能做对第一道题，而 65% ~ 80% 的人都能做对第二道题。

很明显，对大部分人来说，社交题比逻辑题要容易得多。说到这里，我想起了曾经看到的一句话：“我们的大型大脑的存在，主要是为了处理社会问题，而不是为了去思考热力学第二定律。”

没错，高级思维能力之所以涌现，就是为了 C（八卦的冲动）。

一个四五岁的孩子，就能通过观察别人的行为来理解对方的想法，这比他学背唐诗和做算术要容易得多。这是人类很重要的一项能力，很长时间以来，科学界普遍认为这是人类独有的特点，对我们的意识和行为起到了关键作用，甚至语言的学习也是一种自发的基础配置。

颠覆我们认知的地方在于，无论是推理能力、感受能力还是语言能力，都是人类社会生活的结果。为了生存，自然选择要求我们群居。一旦有了群体，我们就开始构建“有意义的”和“可操纵的”社会关系，我们大脑里的解释器忙着处理我们身边的事情，什么事呢？不是终极真理，不是引力定律，而是人际关系。著名的“邓巴数字”理论解释的也是这件事，每一类灵长动物几乎都有着固定的社会群体规模。黑猩猩用彼此理毛的方式，把群体规模维持在 50 左右，而人通过使用语言，扩大了沟通范围，把这个数字扩展到 150。至于想象力、抽象思维能力、计算概率的能力等，只是这个过程“溢出”的结果。

## 最后满堂说

认知科学告诉我们，我并不完全属于我认为的这个我，我的大脑、身体和时空是我的隐身股东，我并不能感知到所有事情，但我的左半脑帮我解释了发生的一切，而这一切都是从我们处理社会关系进化而来的。

说到这里，也许你会感到有点失望，有点沮丧。不过要我说，科学家没能找到“自我”或者灵魂具体是什么，总比找到了要好。笛卡尔曾经说，大脑中心有个叫松果体的小组织，人的灵魂就在里面。幸亏他说的不是真的，你能想象你的灵魂被解剖、切割和祛魅吗？起码，我们这个自然“涌现”的自我，还可以说是属于自己的。

感谢科学给了我们许多答案，但也得感谢它不能给我们所有的答案，那在这些答案的边界上，我们又该如何自洽呢？这是我们接下来要探讨的话题。

# 参考文献


[1] Barsalou, L. W. (2008). "Grounded cognition." *Annual Review of Psychology*, 59, 617–645.

[2] Wilson, M. (2002). "Six views of embodied cognition." *Psychonomic Bulletin & Review*, 9(4), 625–636.

[3] Niedenthal, P. M. (2007). "Embodying emotion." *Science*, 316(5827), 1002–1005.

[4] Gibbs, R. W. (2006). *Embodiment and cognitive science*. New York: Cambridge University Press.

[5] 李其维 . (2008). "认知革命" 与 "第二代认知科学" 刍议 . 心理学报 , 40(12), 1306–1327.

[6] Slagter, H. A., Davidson, R. J., & Lutz, A. (2011). "Mental training as a tool in the neuroscientific study of brain and cognitive plasticity." *Frontiers in human neuroscience*, 5, 17.

[7] Ferrari, M., & Mahalingam, R. (1998). "Peersonal cognitive development and its implications for teaching and learning." *Educational Psychologist*, 33(1), 35–44.

[8] Carson, D. K., Gravely, J. E., & Council, J. R. (1992). "Children's prehospitalization conceptions of illness, cognitive development, and personal adjustment" . *Children's Health Care*, 21(2), 103–110.

[9] Fischer, K. W., & Silvern, L. (1985). "Stages and individual differences in cognitive development." *Annual review of psychology*, 36(1), 613–648.

# 意义

## 找不到人生的意义，怎么办？

古今中外各路大神都曾经对“人活着有什么意义”这个问题孜孜以求，但最后还是没有确定的答案，下面就跟我一起看看“人类意义迷茫史”。

### 人类意义迷茫史

第一位出场的是柏拉图。柏拉图：我一直相信，在具体的现实世界之上，有一个抽象的“理型”世界。在“理型”世界里，一切都有最完美的原型，而我们的灵魂，在肉体出生以前，都在这个“理型”世界中，而我们对这个世界的理性认识，都是我们的灵魂“回忆”出来的。

满堂：那我们活着有什么意义呢？

柏拉图：在我看来人活着的意义，就是去理解或者接近那个“理型”世界，至于怎么才能接近，当然就是通过理性啦。所以活着，就是为了追求理性，打磨理性，接近理性！

第二位出场的是笛卡尔。笛卡尔：柏拉图老爷子说的现实世界和理型世界，对应的就是我们的身体和思想！

满堂：（对你说）这就是笛卡尔身心二元论的由来。

笛卡尔：柏老头说，我们对这个世界的理性认识，是来自什么“回忆”，这个太夸张了，但如果不来自回忆，又是来自哪里呢？

满堂：（对你说）于是，笛卡尔绞尽脑汁，苦思冥想，殚精竭虑，最后发现，不好意思，世间万物只有一件事情是确定的，那就是我“正在思考”这件事，所以才有他那句“我思故我在”。因此如果问笛卡尔人生的意义，他估计会说：

既然世间真相是思考，那就继续思考，不断思考，用力思考！

然后，我们来到了现代社会，上一节我们已经学了具身认知，这才知道，所谓的思考，也不全都是这颗脑瓜的事，我们的身体、我们的时空也参与了其中。所谓的意识，其实并不是一种“存在”，而是一种“涌现”。那么现代人在更进一步理解世界的基础上，又怎么看待人生的意义呢？下一位出场的，是现代物理学家，请看看他的回答。

现代物理学家：让我们回到宇宙诞生之初，你会发现不但没有人，甚至连原子都没有，有的只是基本粒子和相互作用。而我们人也可以看作一堆基本粒子和相互作用的集合体，我们的所作所为、所思所想，都是一堆粒子按照物理规律运动的结果。

满堂：嗯……那人生有什么意义呢？……不就没意义了吗？

现代物理学家：嗯……那不行那不行，人生不能没意义，那样我就没意义啦，让我想一个给你啊。

满堂：啊……

现代物理学家：来，你看这杯牛奶，在我往里面倒咖啡的时候，虽然物理定律告诉我们两者最终会混在一起，但你会发现在这个最终结果到来之前，两者逐渐混合形成的花纹，是那么美丽、那么复杂。因此，你在物理定律以外，还有别的观察维度，比如复杂性。

满堂：复杂性？

现代物理学家：是的。其实，生命有没有意义，取决于你从哪个角度看待它。从物理学角度看，就是一堆粒子和作用力，但从复杂性的角度看，新陈代谢、迭代繁衍、生命演化的过程就是意义。

满堂：就是牛奶和咖啡混合前的花纹对吧？

现代物理学家：没错！

到这里，先别急着给物理学家鼓掌，最后一位出场的是数学家。

数学家：前面那位觉得花纹有意义，是欣赏它的复杂性，欣赏这个过程，这很好，但是复杂之所以“复杂”，说白了，就是因为我们人类的算力不够！

满堂：听不懂……

数学家：假如有个人，有洞悉一切的“算力”，他能把咖啡和牛奶的每粒原子和作用力全都计算清楚，当下的所有一切在他眼里都能被计算出来，那他是什么人？

满堂：那他不是人了，他是神啊。

数学家：没错，我们之所以感觉到时间的存在，是因为熵增，但如果我们的算力可以算出一切，那么混乱和秩序也就没有任何区别了。分开的牛奶和咖啡、混合后的牛奶和咖啡，以及前面物理学家说的，混合中的牛奶和咖啡，对我们来说都是一回事了，他觉得要欣赏复杂性，我觉得终其根本，就没有复杂性啊。

满堂：所以你的结论是？

数学家：还是没有意义。

满堂：那你的意思是，你活着也没有意义咯？

数学家：嗯……那不行那不行，我不能没有意义，让我再想一个给你！

## 为什么我们需要意义？

这场争论贯穿了人类文明的始终，我们需要为活着赋予意义，为什么？因为人是附着在意义之上的生物。那为什么人是这样的生物呢？

人类早在700多万年前就在地球上出现了，如果什么事都没发生，那么现在我们应该也还在和野生动物们共享绿色星球，但突然在10万年前，几个神奇的基因变异出现了：ASPM（Abnormal Spindle-like Microcephaly-associated）让我们的认知能力变强；MCPH1（Microcephalin 1）让我们的脑子变大；而最特别的莫过于FOXP2基因，它让我们学会了“语法”，从此，人类当中的一支——智人，开始崭露头角，并发展到了现在。而我们之所以能凭借几个偶然的变异发展至今，很重要的原因就在于我们的智慧是“共享”和“传承”的，而这个靠的就是复杂的语言，注意是复杂的语言，其他动物也有语言，但没有语法，只有有了“语法”，人类才能扩展语言的丰富程度，让整个人类社会拥有“共脑”，也就是智慧共同体。

那“共脑”是怎样团结智人，让智人一起推进协作的呢？靠的是我们构建共同想象的能力，说白了，就是讲故事的能力。通过讲故事，我们构建出了现实世界并不具体存在的虚构事物，而恰恰是这些虚构事物，给了我们意义。

比如，我和我爱的人的故事，构建了一个虚拟事物，叫家庭。

我们和他们的故事，构建了一个虚拟事物，叫部族。

我们和未知的故事，构建了一个虚拟事物，叫信仰。

所以，人类是附着在意义之上的生物，我们的兴盛依靠的是意义，我们的存在需要意义，如果没有意义，我们将何去何从呢？

现代人面临的挑战就是这个，在古代，多数人相信意义是有标准答案的，比如西方的宗教给出了上帝，东方的儒学给出了天下，但到了现代，我们开始怀疑这样的统一价值标准，价值多元变成了一种新的常态，成为我们需要与之共处的现实。意义在古代是一个毋庸置疑的答案，在现代则变成了超市货架上的半成品，你可以任选一个或者几个，在大脑中“爆炒”或者“清蒸”，最后成为自己的独一无二。而这样的现实必然会带来一些人的不满：我怎么知道我选的这个意义是对的呢？对不起，没人知道，但你却必须要选一个，否则就无法产生任何行动的力量，所以这个选择，就好比站在悬崖边，你只能纵身一跃，拥抱未知。在这一点上，任何人都帮不了你。

但是，虽然这座崖你只能自己跳，我却可以给你说说其他“跳崖者”的故事，供你参考参考。

## 一位“跳崖者”的故事

我精选的这位跳崖者是罗素，罗素是一位世纪老人，活了差不多 100 岁。他的一生经历了两次世界大战，也体验了人间的各种悲欢离合。他有时候备受冷落和诋毁，有时候又得到热情的欢迎和尊重。就是这样的一个人，他选择的意义是什么呢？

罗素曾经说，他的生命中有三种激情：对知识的追求，对爱情的渴望，对人类苦难命运的怜悯。以上就是他跳的那座崖，幸运的是，罗素可不是个光说不练的人，他替我们做了很多人生的尝试，让我们一起来看一下。

先看看罗素对知识的追求。在放弃了对上帝的信仰之后，罗素试图在哲学中找到人生的意义。为什么要选哲学呢？他的根本动机是要找出确实可靠的知识，那么他找到了吗？最终，他找到了数学，他曾说："数学世界实是一个妙不可言的世界。它与生死无关，与人们的肮脏形态无关，它是永恒的、冷漠的、无情的。对我来说，纯数学是最高的艺术形式之一。"他还说，"数学是我们知道的唯一可以达到完美的东西，在思考数学的过程中，我们会变成神灵。"

当然，企图通过追求知识找到人生的终极意义是不靠谱的。就像庄子说的："吾生也有涯，而知也无涯。以有涯随无涯，殆已！"随着知识边界的扩大，你只会感到越来越无知，但如果你愿意享受这个过程，这个咖啡和牛奶混合的过程，倒也是一种乐趣，就像罗素说的："我的主要愿望，作为我调控生活原则的愿望，是纯粹以自我为中心，旨在获得思想上的满足，探索让我感到困惑的事物。"

但是，罗素还有别的激情，我们再看第二种激情——对爱情的渴望。罗素年幼的时候失去了双亲，是由严厉的祖母带大的，他内心对爱的渴望一直非常强烈。

但是，罗素特有的贵族身份、诗人气质、学者本色，阻碍了他真正地掌握这门爱的艺术。

作为贵族，罗素在生活方面难以自理。他在给自己的第一任妻子艾丽丝的信里写道："虽然我诅咒贵族，但他们的不良习气却束缚了我。如果没有仆人，我是无法获得幸福的。如果让我独自生活，我会进入一种恐惧状态，言行愚蠢，完全无助。"所以，他不得不依赖妻子照顾自己的生活，但又对柴米油盐的日常生活提不起兴趣。

作为诗人，罗素总是喜欢夸大自己的情感。比如，当他遇到怀特海夫人的时候，自称在 5 分钟之内就变成了另外一个人，他喜欢怀特海夫人，但又不能和她在一起，怀特海夫人当时生病了，罗素以为她备受病魔煎熬，比人家还痛苦（其实人家还好，罗素反而更"戏精上身"）。你看，生活不是诗歌，也不会高潮迭起，所以罗素对爱情的过高期望总是会落空。

我们再看第三种激情：对人类苦难的怜悯。罗素曾在"一战"期间因反战而被监禁；曾发起"罗素—爱因斯坦宣言"呼吁核裁军；曾创建学校，实验新的教育方式；曾大量撰稿和演讲，关心公共事务。可以说，对人类苦难的怜悯，是知识分子最可贵的特性，因为很少有人跳出自己的生活圈子，去关心整个人类社会的命运。但可悲之处在于，知识分子往往会错估自己对现实的了解程度，夸大思想的影响力。罗素反对"一战"，"一战"还是打了；罗素呼吁核裁军，结果换来和平的竟然不是核裁军，而是核威慑；罗素实验新的教育方式，采用当时流行的行为主义心理学方法，结果用这个方法教育出来的自己的亲生儿子，却害怕自己的父亲。

罗素和我们中的很多人一样，觉得人生的意义一定是存在的，很可能就在某一扇门的后面。所以，他一扇一扇地敲门，一个一个地追问，对知识的追求，对爱情的渴望，对人类苦难命运的怜悯，这三种激情罗素都替我们体验过了，可以说，都没有达到完满，但我能说罗素的这座崖跳错了吗？当然不会，至少，他对自己保持诚实，他认真地活过了，他如同一棵树，以为自己长高了就能摸到太阳，虽然永远也摸不到，却不妨碍他充分地生活，大口地喝水，伸展开每一根枝丫，尽力实现自己的各种可能。

## 最后满堂说

以前的哲人，喜欢讨论人类或者生命的意义，但随着科学把哲学挤到边缘，我们发现其实这个问题不用讨论了，没有意义，于是头一次，我们开始对自己发问：

我该怎么度过这一生，才算是有意义的？

虽然主角终于回到了“我”，但这个问题可能仍然无从下手，只会让人感到迷茫，但我要说，不要怕，别放弃，想下去，一旦你真的问出了那个问题，寻找答案就会成为你生命的一部分。你会发现你醒来的第一个念头就是那个问题，在接下来的日子里，你的脑海里会时不时闪过那个问题。它有点像一扇门，一旦你打开，就很难再关上了。

而我有个思考方法，可以推荐给你，叫“人生五件事”，它来自一本书《世界尽头的咖啡馆》。很简单，就是假设你已经站在了人生的终点，回头看看过去的岁月，虽然留下了很多遗憾，但你发现还好，最想做的那五件事至少都实现了，请问，这是哪五件事呢？假如你觉得“意义、存在”这类的概念太过抽象，不妨换个思路想想看，有哪五件事重要到足以定义你的人生？

这一次，请对自己真诚地追问吧，真诚的追问是有后劲的。一旦你真的被人生意义的问题困扰，就会渐渐开始审视日常琐事的价值。在你的待办清单上，有太多的事，理直气壮地占用着你的时间，但其实，完成这些事项未必会让你更接近理想的人生。伴随着这样的质疑，你可能会想起一些你一直想去做，但始终没有做的探索，可能对另一种人生的渴望会渐渐占据你的心智。有时候，仅仅是问题本身，就已经在帮助你做出取舍，指引你前进的方向了。用真诚的困惑来指引我们的人生是现代人的痛苦，也是现代人的特权。

### 推荐作者及其研究成果

柏拉图——在《理想国》中讨论了理型世界和我们如何通过理性接近它。

勒内·笛卡尔——在《第一哲学沉思集》中提出“我思故我在”，探索思考与存在的关系。

弗里德里希·威廉·尼采——在《查拉图斯特拉如是说》中提出超人哲学，探讨创造个人价值的重要性。

让-保罗·萨特——在《存在主义是一种人道主义》中讨论了存在先于本质，强调个人自由和责任。

维克多·弗兰克尔——在《追寻生命的意义》（又译《活出意义来》）中从心理学角度探讨了找到人生意义的重要性。

尤尔根·哈贝马斯——作为后现代思想家，他在沟通行动理论中讨论了理性交流和社会互动的意义。

理查德·道金斯——在《自私的基因》中从生物学角度探讨了人类行为的演化基础。

斯蒂芬·威廉·霍金——在《时间简史》中探讨了宇宙的起源和人类对宇宙认知的意义。

丹尼尔·丹尼特——在《意识的解释》中探讨了意识如何从物理过程中涌现。

约翰·史崔勒基——在《世界尽头的咖啡馆》中探讨人的存在意义和价值。

# 反思

## 99% 的人都摆脱不了的思维陷阱，我会是那 1% 吗？

上一讲，我们去了认知的边界，在“意义”的悬崖上走了一圈，你跳过去了吗？还是仍在犹豫呢？这一讲我们将回到当下的现实，去关注 99% 的人都摆脱不了的思维陷阱，不知道学完以后，你是否会成为那剩下的 1%。

### 失败的飞机测试

这个故事发生在麦道航空公司（麦克唐纳－道格拉斯公司），有一次，他们进行了一项“飞机撤离测试”，这个测试的性质相当于我们把产品推向市场之前的最后一道安全检测，所以他们非常重视，测试方式就是模拟人们从飞机撤离的这个过程，而事情的结果非常吊诡，上午的测试，居然有二十个人受了重伤。这还不算最离奇的，最离奇的是他们下午紧接着又进行了一场测试，这次测试不仅多了二十个严重受伤的人，其中有一个人还落下了终身瘫痪。

一家世界知名航空公司，居然犯下如此低级的错误，到底是怎么回事呢？难道公司管理层都傻了吗？当然不是，他们的每一个决策都很正常，最终却迎来了一个不正常的结果，而症结，就在我们的思维“漏洞”里，让我们一步一步来看。

## 我们的思维“漏洞”

我们曾经多次谈到“认知偏误”，就是如果把人比作一辆车，那我们的方向盘就是天生有点歪的，“歪”是我们的出厂设置，而如果我们想要更好地决策和行事，就得知道方向盘这次“歪”向了哪里，并且做出反向的调整。

那我们的方向盘究竟会怎么“歪”呢？这要从我们大脑天然的决策方式说起。

大脑决策有三大特点。

### 第一个特点：模式识别

啥是模式识别呢？记得某小品里有一句台词：

夹着包来的那是领导，拎着包来的，那是收电费的。

这就是一种模式识别，仅仅看别人拿包的方式，就推测出了对方的身份和职业。我们的大脑就是这样，它并不是在了解了所有信息后才做决定，而是只要接收到一部分信息，就会拿这部分信息和过往的经验相类比，去快速做出决定。

模式识别这种方式对我们的生活有两个好处，首先就是决策速度快。比如经常打网球的人，可能还没有看清楚球，身体就已经做出反应把球打回去了。其次，就是即使遭遇到信息不全，我们也能做出决策，比如“落叶知秋”，就是通过部分信息推测整体情况。但坏处也显而易见，万一我们就是遇到了拎着包的领导，或者夹着包收电费的人呢？

所以模式识别的方式，也容易让我们踏入一个思维陷阱——经验误导。

有时候表面上看起来和过去经验相似的事情，可能实际并不相同。而模式识别就可能让我们产生错误判断。读错汉字就是最常见的错误，我们常常看偏旁来猜字的读音，然后闹笑话。

比如，我们前面说打网球是通过模式识别，但当实验人员把网球的场地换到高海拔的地方，或者把球的重量大小换了以后，会发现越是专业的选手，反而失误率越高，为什么？因为高海拔会改变球速；球的重量变了，需要改变击球力度——而模式识别能力越强的球员反而越不能适应这种改变。

而这在我们的生活决策中，则往往会表现为“路径依赖”，比如某个父亲让孩子现在开始学编程，将来考计算机专业，为什么呢？因为他自己作为程序员正好赶上了互联网浪潮，但这个父亲赶上的这波浪和孩子将来的那波浪会是同一波浪吗？

又如有的家长教育孩子，喜欢用“吃得苦中苦，方为人上人”这句话，为什么？因为这些家长自己是靠肯吃苦获得了现在的成就，他们自然地会把这个经验放到孩子身上，但是，这些家长面对的社会环境和孩子面临的社会环境是一样的吗？在我们国家还有后发优势的时候，内卷式竞争是有用的，大家都做同样的劳动，越廉价越有优势，所以吃苦有一定优势，但现在中国和美国等发达国家，科技竞争都进入了无人区，我们靠的是创新能力，看的是能不能做出和别人不一样的东西来，自我压榨是没有前途的，我们需要奖励新颖，而不是崇尚廉价，这时，过去的成功经验反而可能成为误导。

### 第二个特点：情感标记

有脑科学家认为，大脑在记忆时，不是简单客观地记忆事件本身，而是会同时记住我们对这件事的情绪感受，而未来我们做决定时，遇到类似的事情，就会引发类似的情感反应。比如，被蛇咬过的人，就会记住这种痛苦，之后他遇到任何蛇状物体，就“一朝被蛇咬，十年怕井绳”了。

也就是说，大脑会给我们的经历打上情感标记，然后在决策时倾向那些带有好的情感标记的决策，远离那些带有负面情感标记的决策。比如，你曾在一家餐厅发生过美好邂逅，那即使那里的饭菜不好吃，你也很乐意再去一次；而如果你在一个地方有糟糕的回忆，即使那个地方后来建设得很美，你可能也不愿再去那个伤心地了。

但你仔细想想就知道，当你要请别人吃饭的时候，那个味道糟糕的餐厅是好的决策吗？就因为我有过糟糕的回忆，我就自动屏蔽了一个很好的免费健身跑步道，真的值得吗？这就是我们容易踏入的另一个思维陷阱，叫作情感依附。

比如你会发现，过去的笔记本，或者玩过的玩具，明明现在用不着了，却还在家里占着地方。你知道理性地看，这些东西早该扔了，可是你对它有感情，你舍不得扔，这就是一种无害的情感依附。

“人非草木，孰能无情”，有情有义的人，更容易受到社会认同。可是，不适当的感情依附也可能影响我们做出正确决策。这就是为什么在法院判案的时候，有时会要求和案件有关的人员回避，这是为了避免受到情感依附的影响。可是，就是这个听起来非常简单的道理，人们却常常忘记。

比如，有不少人明知道某一类型的男朋友或者女朋友让自己吃尽了苦头，但等再次选择的时候，却还是选那个类型。

再如，三星董事长李健熙曾经在集团推进过汽车项目，当时就有人劝他，韩国已经有现代和大宇啦，国家还给了他们保护，我们不好做呀。但李健熙坚持要做，而等汽车好不容易研发出来，发现每辆车成本比竞争对手高出 40%，那这时候，李健熙停止了吗？并没有，他反而更加坚定地推进汽车项目，直到三星陷入巨额亏损，大量裁员，李健熙本人不得不动用个人资产偿付高达 20 亿美元的汽车部门欠款，这个糟糕的计划才宣布暂停。李健熙为什么会对这个明显不靠谱的投资一意孤行呢？因为他自己是个汽车迷，特别喜欢汽车，他一生的梦想就是要自己生产汽车。而正是这样不适当的情感依附，让他错失了改正的机会，最终遭遇滑铁卢。

### 第三个特点：单行道

意思是说，大脑做决策时往往像在一条不能掉头的单行道上开车，头脑中一旦有了一个解决方案，只要差不多、行得通，大脑就懒得去考虑还有没有更好的方案了，除非最后这条路走不通了，才会重新思考其他的可能性。

比如我自己，曾经花了好几天时间选购切牛肉的机器，我比较了手动切片机和电动切片机，然后把价格、品牌、买家体验、B 站测评、购货渠道全都一一比较，最后才下手。我觉得我的解决方案已经非常完美了，但就在收货的第二天，我发现楼下超市的盒装牛肉不仅更加便宜，还已经帮我切好了……

在遇到问题时，我们本来可能有多种决策方案，但是我们却会不受控制地，自动对其中一些方案更有偏好，这个偏好可能来自过去的经验，也就是模式识别，可能来自自己的情感依附，也就是一开始说的情感标记，还有可能两方面的因素都存在。

而一旦选择了这个方案，我们往往就进入了单行道，即使有新的信息加入，也只能让我更加强化已有的决策。就比如我买切肉机的例子，我的所有调查研究都强化了我“需要买切肉机”这个决策，而忘记了我需要的是切肉机，还是一盒便宜的、切好的牛肉。

## 意料之外却情理之中的飞机测试

让我们回到开头那个飞机撤离测试的故事，如果把我们大脑决策的三个特点——模式识别、情感标记、单行道——做成一个检查清单，就会发现，这场事故虽然在意料之外，却在航空公司决策方式的情理之中。

首先，麦道公司只有通过乘客撤离测试，才能开始销售新飞机，这是航空公司的常规操作，因此经验误导让他们快速采取测试行动，同时开启了单行道模式，任何怀疑这个测试的想法都被他们屏蔽了。

然后，政府的指示是测试应该尽量和现实的情况贴近：

出于对权威的情感标记，麦道过度遵守政府指示，结果找了不少老年人。

而到了这一步，整个行动的过程已经被确定下来，所有员工的大脑思维都已经进入了单行道，使得这种近乎无脑的计划

得以继续进行。

当麦道的员工看到那么多老人走进阴暗的停机库，看到飞机客舱是那么高，而停机库的水泥地面又是那么硬，他们肯定觉得非常不安，但发现其他的员工和上级对此并没有表示反对。因而，获得集体认可的情感倾向帮他们消除了这种不安的感觉，这使得行动能够依照原定的计划进行。

接着出现了灾难性的结果：当天上午的测试失败了，还有许多人受了重伤。但由于进入了单行道模式，这个失败反而让他们更加相信只要再测一次就能成功，另外，失败更加激发了强烈的情感倾向，所有人都想要反败为胜，这促使麦道在下午继续测试计划。这时的麦道就像赌徒，在输掉一大笔钱之后急于扳平，狠狠地赌上了最后一把。毕竟，如果不能按期通过测试，麦道将会受到许多损失，包括大笔的飞机订单。而结果你已经知道了，最后一块多米诺骨牌轰然倒塌，麦道从此走向下坡路，损失远远不是飞机订单可以弥补的。

## 成为 1% 的四个按钮

看完上面的故事，你可能会想，堂堂麦道公司，难道就没有一个脑子清醒的人吗？但如果你身临其境，这些事情发生在你自己的公司当中，能够一直保持清醒的，恐怕真的只有 1% 了。那么，该如何成为那个 1% 呢？这里我将给你四个按钮，曾子说“吾日三省吾身”，“三省”是他的检查清单，而我们的四个按钮，也可以看成一个检查清单，如果可以的话，我希望你不要像曾子那样每天反省，而是将其内化成我们经常性的一种思维习惯。

### 第一个按钮：暂停键

我们在讲注意力的时候曾经讲过，在知道自己应该怎么做，却没有办法那么做的时候，我们可以问自己，你想暂停几分钟？然后花这几分钟的时间，专注于自己。这个方法，就是按下暂停键，目的是不让自己的决策总是过于顺滑——想吃巧克力就吃了，明知道自己血糖高；火气大的时候就骂人，明知道会伤害自己和爱人的关系。我们知道怎么做是对的，可是却没有那么做，这是因为我们被自己的弱点拿住了。而暂停，是发现自己弱点的镜子。

### 第二个按钮：觉知键

按下觉知键，就是觉知自己当下的感受，这个感受包括身体的感受，如果你饿了、渴了、肚子难受了，这种时候你的情感也会是脆弱的，很可能一点就炸，也不适合做决定。除了身体感受，还有你的情绪感受，要知道，很多时候当你决定做出某种反应的时候，你是在对某种情绪反应，你不是在对理性和事实反应。而想要驾驭自己的情绪和弱点，关键要先觉知自己的情绪和弱点。

按下觉知键就是告诉自己：如果我感觉自己的状态不适合做出好的决定，那就不要做决定。

### 第三个按钮：出窍键

没错，就是灵魂出窍的那个出窍，当我还是“我”的时候，我会有很多的情感依附在我这个身份里面，而思维陷阱也就隐藏其中。

比如，你会本能地关心自己在群体中的地位等级，所以，如果有人让你感到没面子了，或者有人挑战你的位置了，你会立即做出反击，但如果你不是你了，你会发现地位等级只是偶像包袱罢了；又如，你很容易想和别人做一样的事，因为你害怕成为局外人，不想不合群，害怕被排挤，但等你出窍了，你会发现独一无二才有意思，干吗非要和别人一样呢？

而出窍键的进阶模式，是附身键，就是让你主动附身到另一个人身上，主动从别人的视角看问题，这么做你会收获更多，这不仅会让你理解你本来仇视的人，也会让你在遇到难题的时候，获得让你尊敬的某个导师的力量。你会想，如果我是他／她，面临这样的问题，会怎么做呢？你不是他／她，但附身键，可以让你超越他／她。

### 第四个按钮：刷新键

还记得我们前面讲的大脑的一个特点——单行道吗？而我们前面也多次讲到策略性思维，就是把想想有没有更好的办法，当作一种思维习惯。这两点结合起来，就是第四个按钮：刷新键。就像我们刷新网页一样，刷新之后，可能会有新的信息出来，而不刷新，就可能错过。按下刷新键，就是主动放开已有的决策，不要紧抓不放，让新的信息，特别是不一样的相反的信息进来，随时准备打破大脑的单行道，抵抗思维弱点。

## 最后满堂说

在前面的内容中，我一直把成长比作训练 AI 神经网络，我们需要给自己“喂”好的素材，遇到相关的情况才会自动做出更好的反应，我们的行为往往都有默认模式，而这不是用意志力就可以战胜的，我们需要用好的模式，取代坏的模式，而这个好的模式的训练方法，就在我们日常的一个又一个决策当中。那些平凡的时刻、那些我们甚至没有意识到自己正在做出选择的时刻，往往比重大决定更能影响我们的命运，与你共勉。

## 关键概念

认知失调：当一个人持有两个或更多相互矛盾的信念、想法或价值时所经历的心理不适。

启发式：人们经常依赖的简单、有效的规则，用于快速做出决策，但有时会导致判断错误。

确认偏误：以一种确认个人先有信念或假设的方式搜索、解释、偏爱和回忆信息的倾向。

损失厌恶：损失被感知为比等值收益更重要的心理效应，影响决策和风险评估。

现状偏误：对当前状况的偏好，其中变化被视为损失。

可得性启发式：基于记忆中事件的可得性估计事件的可能性；更容易记住的事件被感知为比那些不那么记忆深刻的事件更可能发生。

锚定效应：在做决策时过分依赖第一份提供的信息的常见人类倾向。

沉没成本谬误：人们继续一种行为是因为之前投入的资源（时间、金钱等）。

过度自信偏误：某人对其判断的主观信心大于其客观准确性。

邓宁－克鲁格效应：一种认知偏差，低能力的人在一项任务上高估自己的能力。

# 参考文献

[1] Ariely, D. (2008). *Predictably Irrational: The Hidden Forces That Shape Our Decisions*. HarperCollins.

[2] Thaler, R. H., & Sunstein, C. R. (2008). *Nudge: Improving Decisions About Health, Wealth, and Happiness.* Yale University Press.

[3] Gladwell, M. (2005). *Blink: The Power of Thinking Without Thinking*. Little, Brown and Company.

[4] Taleb, N. N. (2007). *The Black Swan: The Impact of the Highly Improbable*. Random House.

[5] Gilbert, D. (2006). *Stumbling on Happiness*. Knopf.

[6] Frankl, V. E. (1946). *Man 's Search for Meaning*. Beacon Press.

[7] Csikszentmihalyi, M. (1990). *Flow: The Psychology of Optimal Experience*. Harper & Row.

[8] *Gigerenzer, G. (2007). Gut Feelings: The Intelligence of the Unconscious.* Viking.

[9] Duckworth, A. (2016). *Grit: The Power of Passion and Perseverance*. Scribner.

[10] Tversky, A., & Kahneman, D. (1974). "Judgment under uncertainty: Heuristics and biases." Science, 185(4157), 1124–1131.

[11] Fiske, S. T., & Taylor, S. E. (1991). *Social cognition. Annual Review of Psychology,* 36(1), 613–648.

[12] Nisbett, R. E., & Wilson, T. D. (1977). "Telling more than we can know: Verbal reports on mental processes." *Psychological Review,* 84(3), 231.

[13] [14] Gilbert, D. T., Pinel, E. C., Wilson, T. D., Blumberg, S. J., & Wheatley, T. P. (1998). "Immune neglect: A source of durability bias in affective forecasting." *Journal of Personality and Social Psychology,* 75(3), 617.

[15] Damasio, A. R. (1994). *Descartes' Error: Emotion, Reason, and the Human Brain*.

[16] Schwartz, B., Ward, A., Monterosso, J., Lyubomirsky, S., White, K., & Lehman, D. R. (2002). "Maximizing versus satisficing: Happiness is a matter of choice." *Journal of Personality and Social Psychology,* 83(5), 1178.

[17] Simon, H. A. (1956). "Rational choice and the structure of the environment." *Psychological Review,* 63(2), 129.

[18] Festinger, L. (1957). *A Theory of Cognitive Dissonance.* Stanford University Press.

[19] Baumeister, R. F., & Leary, M. R. (1995). "The need to belong: Desire for interpersonal attachments as a fundamental human motivation." *Psychological Bulletin,* 117(3), 497.

# 哲思

## 从孔子、柏拉图和释迦牟尼，看人类文明对抗痛苦的钥匙

有一天，孔子、柏拉图和释迦牟尼同时来到一家现代咖啡厅，各自点了一杯饮料，但是他们要的东西却迟迟都没有上桌，一打听才知道，今天是咖啡厅的最后一个营业日，因为经济遇冷，明天就要彻底关门了，老板已经辞退了所有员工，想要一个人支撑完最后一天，但无奈、痛苦和空虚的感觉一次次地向他汹涌袭来，他觉得，自己已经没有办法完成这天的工作，面

对三位智者，他问：为什么人活着就那么痛苦呢？我有什么办法可以让自己快乐，至少能远离痛苦呢？

孔子第一个站起来，他缓缓走到咖啡馆老板的身边，对他说：你的咖啡馆虽然要关门，但这不是生命的终点，而是你生命中的一个新的起点啊。

老板说：我也知道要面对新的起点，可我也不知道明天生计在何方，还欠了一屁股债，这个起点，我觉得我没有能力面对啊，您能教我一些方法吗？

孔子：看来你以前从来没有关注过我，如果你早点关注我的话，你应该知道我多次提到过一个境界，叫“中庸”。

老板说：中庸？就是和稀泥、当老好人是吧？

孔子说：当然不是！这完全是误解，我来解释一下吧！我说的中庸，对内，要掌控好自己的内心，以达到能随时用理性统率情绪的境界；对外，则要处理好各种事务，达到随机应变恰到好处的水平。中庸可不是平庸，而是一种动态的平衡，一种在极端之间寻找合适位置的智慧。你学会了吗？

老板说：我学会了，老师！我这就去给您泡茶，我会好好处理这杯茶，把修行内化其中，以达到恰到好处的水平。

孔子满意地点点头，而这时，柏拉图站了起来，用他那充满智慧的眼神凝视着店主：朋友，你提出了一个很好的问题，对此，我也有话要说。

老板：您说您说。

柏拉图：我认为，你的痛苦是源自你对这个感官世界的过分执着。但请记住，真正的实体，是不可见的理念，而非我们眼前的物质世界。请试着将你的思想从这个世界的束缚中解放出来，专注于你内心的智慧和理性。

老板：那我现在需不需要闭上眼睛？

柏拉图没有回答，他只是从怀里掏出一本《理想国》放在老板手中。

柏拉图：这本书，你可以好好研读一下。理想的生活不是追求物质财富，而是追求真理和智慧。当你开始追寻更高的目标时，你会发现生活中的这些小痛小苦，已经变得不那么重要了。

老板似懂非懂地翻开了书，却听见身边有轻轻的笑声，抬头望去，正是坐在窗边的释迦牟尼，只见他语气平和地问道：你觉得，生命和苦，是可以彻底分开的吗？

老板被问住了，一时呆在原地。

释迦牟尼接着说：痛苦存在于每一个生命中，因为痛苦就是生命的一部分。

老板：那既然这样，我就永远无法解脱了吗？

释迦牟尼：什么叫解脱呢？是要生命中不存在痛苦，还是要自己看透痛苦的本质呢？在你看来咖啡店关门就是痛苦，但在我看来，开业和关门都是一回事，这只是生活中无常的一个例子，当你接受无常，明白一切都在变化，你就会开始释放你内心的执着。

老板：可我修行不够，没法把关门歇业和开张大吉当作一回事啊！

释迦牟尼：这当然不是瞬间就能做到的，来，我发你一个链接，这是我“八正道”的演讲录像，通过八正道的修行，人们可以逐步消除无知和欲望，最终达到涅槃，即终极的精神解脱。

……

大家好，我是满堂，欢迎回来，和我一起修炼。你猜这个故事里的老板究竟会听谁的建议呢？他是会修炼八正道、阅读《理想国》、寻求中庸之道，还是三个干脆都试一试呢？等他试过以后，会觉得哪家的学说对他比较管用呢？欢迎你续写这个故事。但我讲这个故事，不是为了去比较孰优孰劣，而是想和你一起探索，古今中外的哲学家们对于痛苦的解决之道，目的是为生活在现代的我们，提供更多的视角。

在前面的故事中，你会发现，同样是对于痛苦，孔子、柏拉图和释迦牟尼却给出了不一样的解读，的确，人生的苦乐不仅仅是一个神经科学上的问题，也是一个边缘问题。所谓边缘，就是科学还无法触达的地方、空白的地方，而哲学正是对边缘问题的各种合理探讨，从孔子、柏拉图和释迦牟尼的不同回答中，我们其实窥见了中国哲学、西方哲学和印度哲学的不同精神气质以及对终极问题的不同思考方式。对此，著名学者张祥龙曾经有过一个非常精妙的比喻，他用一句话概括：西方正面硬“刚”、中国顺势而为、印度反求诸己。什么意思呢？我们一个个来说。

## 正面硬“刚”的西方哲学

故事中三位学者的不同视角，最根本的来源是三种哲学对“终极实在”的不同态度。什么是“终极实在”呢？它指的是最真实的东西，在各种变化过程中也能保持不变的东西。

那怎么找呢？西方哲学的应对方式是正面硬“刚”。在西方哲人看来，既然这个世界是流动变化的，那就去找到一些不流动、不变化的东西，那才是“终极实在”。所以，西方哲学在存在论上的基本取向，就是要努力找到这个绝对不变的真实存在。

比如，毕达哥拉斯认为这个流动变化的世界上，真正的基础是“数”，因为他发现其他东西都变化莫测，只有数的关系是最确定的。又如巴门尼德，提出我们日常看到的运动变化其实都是虚假的，这个世界本身，就是一个终极存在。

而柏拉图继承了他们的追求，提出了“理型论”来解释这个流变的世界。简单起见，你可以把这个理型世界理解成“概念的世界”，但是，这需要把我们对概念和真实的理解反一反。我们今天会认为周围的世界是真实的，概念是对这些真实事物的抽象理解；而柏拉图认为那个理念的世界才是真实的，我们周围的世界只是对那个真实世界的不完美模仿。

虽然在柏拉图之后西方哲学还经历了漫长的发展过程，但是对“不变的终极实在”这个追求始终是西方哲学的主流，不管它是“实体”“形式”“太一”，还是“上帝”“自我”“绝对精神”，都是对毕达哥拉斯、巴门尼德和柏拉图哲学精神的继承。

## 顺势而为的中国哲学

西方哲学是一定要找到变化中的不变，而中国哲学却认为，变化是不可避免的，变化本身就是那个“终极实在”，所以中国哲学里没有关于事物确切起始的明确定论。在中国哲人看来，我们只是暂时还不理解各种变化里的微妙结构，如果我们可以洞悉这些变化的背后规律，那么只要顺势而为，就等于与“终极实在”共生共舞了。

其中最能代表这种精神气质的莫过于《周易》。读《周易》，会发现《周易》赞赏变化，而不推崇静止，凡是有变化的地方就有“吉”“亨”这样的好词；而没有变化了，就变成了“凶”“悔”这样的坏词。所谓“穷则变，变则通”就是这个道理。

再看老子的思想，他也强调天命的变化无常。老子口中的“终极实在”被他称为“道”。但是，这个“道”和巴门尼德的“存在”或柏拉图的“理型”完全不同。所谓“道可道，非常道”，这个“道”是讲不清、说不明的，不是一个确定不变的东西，要在恍惚之间才能把握。老子曾把道比作水，道是虚，是柔，是损，是自然。《周易》还需要用八卦图来寻求某种规律性，但老子强调“大象无形”，甚至连八卦图都不用了。

说到这里，我不禁想起了当年王羲之的故事，他曾经趁着酒兴写下《兰亭集序》，虽然纸面上有改动、有添加，看起来并不完美，却有一种内在的神韵。而王羲之对此并不满意，所以他之后重写了好多遍，但不管怎么努力，都再也写不出那天的味道了。书法艺术里面这种实与虚之间、动与静之间、有形与无形之间的平衡，就是顺势而为之，刻意而不达的。

## 反求诸己的印度哲学

在婆罗门教里，终极的实在被称为“梵”。梵本身无名无相，是一个“整全”，而人因为自己的认识有限，不能直接认识这个“整全”，只能用思想、概念、名称来指称这个世界上的各种事物，而思想、概念、名称这些就统称为“名相”。不管是物理学家描绘的世界、历史学家描绘的世界，还是日常经验中的世界，说到底都是人们用各种“名相”来把握的世界，从而更加间接地去认识这个至纯的、唯一的“梵”。婆罗门教里面最高的境界，就是“梵我一如”，也就是突破外部世界和内在世界的界限，放弃各种名相，让“我”和“梵”达到合一的状态。

而佛学思想，也在一定程度上继承了婆罗门的基本思想，佛学讲“缘起，性空”就是强调所有存在的事物都是因缘条件相互作用的结果，并且它们本质上是没有固定自性的。这个理解有助于克服对事物的执着和固化的看法，从而在心灵上获得自由和解脱。

也就是说，我们之所以受苦，之所以觉得虚幻，是因为把本来没有实在性的东西当作了有实在性的，并且对它们过于执着了。佛教追求“涅槃”的最高境界，就是彻底消除一切对行为、目标、规则的执着，获得最终的解脱。比如，我们过去会认为，身体是过客，身体会死而灵魂不灭，身体是灵魂的过客，但学习了佛学后，你会发现，反了，身体的元素会组成其他东西，它从某种意义上说反倒是不灭的，而涌现出的这个“自我”，反倒是个过客，所以，有什么好执着的呢？

## 我该用哪把钥匙呢？

讲完了西方哲学、中国哲学和印度哲学在精神气质上的不同，可能还是有不少人疑惑，到底该用哪把钥匙开启属于自己的精神探索之路。我一直把成长当作一种对自己神经网络的训练：我们的每一次行动，我们的所作所为、所思所想都是一种训练素材。而在现代社会，我们可以同时从这些哲学中汲取智慧。我们可以通过孔子的仁爱和中庸之道来改善人际关系；通过柏拉图的理想主义来追求精神上的满足；通过释迦牟尼的教导来理解和克服内心的执着。

而最理想的训练结果，在我看来，就是扩大自己情感的舒适范围。

让我们来假设以下几个场景。

1. 你来到一个新的工作单位，没一个你认识的人。

2. 你兴致勃勃地和人讲一件事，但对方却否认你的观点。

3. 你准备掏出手机付款却发现手机没电。

4. 你已经坐在了出租车上却发现外套没带，而钥匙在里面。

5. 你准备住的酒店突然客满让你找新的地方住。

6. 你开车遇到有人强塞还对你比侮辱人的手势。

7. 你临时需要的某样东西找不到了。

8. 你爱的人突然对你大吼了一声。

9. 你有个很重要的消息要回但孩子不停地和你说话，你还不得不回应。

10. 你发现周围人和你没有共同语言。

请问在以上场景中，你会如何反应？你全部都能冷静处置吗？你会感到烦躁和焦虑吗？假如烦躁和焦虑的程度是从 0 到 10，你会为每个场景打几分呢？

这些问题其实是在测试一样东西，就是你的“自我空间感”。如果小小的陌生和意外都能让你焦虑烦躁，那说明你的情感空间已经非常狭窄，你的思维弹性已经下降，你的行为模式已经僵硬。这是一个警报，告诉你需要更多的修行，至少上一节的那四个按钮，需要被“召唤”出来多用用。

## 故事后续

从咖啡馆出来以后，释迦牟尼开始在抖音直播冥想课程，标题是：“如何在繁忙的生活中找到内心的平静”。柏拉图则在 Instagram 上晒出他的理想国草图，配文：“理想比现实更有趣。”孔子则在朋友圈发表：“今天教的学生说要赠我一杯茶，给我的时候已经冷掉了……”

### 关键概念

1. 中庸——孔子哲学中的核心概念，意味着恰到好处，不偏不倚。

2. 仁——孔子哲学的最高道德标准，指人与人之间的善行和爱。

3. 理型 / 理念——柏拉图哲学中的核心概念，指超越感官世界的永恒真实。

4. 理想国——柏拉图构想的一个理想社会模型，强调理性和正义。

5. 四圣谛——佛教的基本教义，包括苦、集、灭、道。

6. 八正道——佛教教义，指导人们如何达到涅槃的正确路径。

## 相关著作推荐

《论语》——孔子的弟子及其再传弟子编纂，记录了孔子的言行和思想。

《史记·孔子世家》——司马迁著，《史记》中的一篇，详细记述了孔子的生平和思想。

《孔子的智慧》——林语堂著，深入浅出地解读孔子的哲学思想。

《孔子与论语》——钱穆著，对孔子的生平及其思想进行了深入分析。

《论语导读》——黎千驹著，系统研究孔子的哲学思想。

《柏拉图全集》——柏拉图著，包含柏拉图的所有对话录，是研究其哲学的基础。

《理想国》——柏拉图著，探讨了理想社会和理想个人的构成。

《柏拉图对话集》——柏拉图著，对柏拉图对话录的深入研究。

《柏拉图的〈会饮〉》——斯坦利·罗森著，深入分析柏拉图的哲学思想。

《达摩多罗禅经》——介绍释迦牟尼生平和佛教基本教义。

《佛本生故事》——讲述释迦牟尼前世今生的故事。

《心经》——佛教的重要经典，简明扼要地阐述了佛教的核心哲学。

# 自我

## “我的故事”从哪里来？

这是本书的最后一节，在之前，我们拜访过脑科学家，问过如何让大脑快乐；接触过心理学家，讨教幸福的秘密；我们问过哲学家，和哲学家一起纠结过生命的意义；最后，我们回到了这里，这一切都是为了让“自我”可以继续上路，去书写“我”的故事。

“我”是谁？物理学家会说：

数学家会说：

进化心理学家会说：

脑科学家会说：

哲学家会说：

“我”有自由意志吗？这个问题就和我们之前探讨的那个“人生有没有意义”的问题一样，目前主流学界仍然没有就人有没有自由意志得出一个结论，但毋庸置疑的是，我们也许没有自由意志，但我们需要感到自己有自由意志，就像我们需要给生命一个意义一样。

所以，在最后一节，我试着不讲知识点，只是给你来自我个人的 5 个小建议，作为你即将开启下一段人生旅程的小小礼物。

## 慢慢探索：我是一生书写的答卷

我在很年轻的时候曾经有一个“执念”，就是我必须为我生命的终极目标，找到一个正确的、可靠的答案，因为只有这样，我才能开始真正的生活。为此，我辗转反侧，看了好多书，脱了好多发，好像不解决这个问题，生活就没有办法继续似的。

我到底要什么时候才能找到这个终极目标呢？孔子说“五十而知天命”，难道我也要等到 50 岁才能开启我的天命？后来我发现，当然不是这样的，我们的人生都是“边想边做”的，而且想和做也是分不开的。我们可能在 20 岁时就发现了一个目标，在前进的过程中又发现了第二座山（第二个目标），又或者我们真的是一直在探索但没有找到，直到临死前终于找到了，但这又有何妨呢？“朝闻道，夕死可矣。”

我觉得，人生的过程，就是不断探索自己想要成为一个什么样的人，并且在选定的方向上努力优化的过程，这是一个终生的、动态的过程，可以说：你人生的使命就是发现你人生的使命，你的目的就是发现你的目的。

苏格拉底曾说过“The unexamined life is not worth living”（未经省察的人生不值得过），但是，过度省察的人生也没法过啊。

人生意义是一个重要但不紧迫的问题，它值得探究，所以重要，但它并不需要当场交卷，所以我们可以很从容。如果非要说这是一份“答卷”，那也是我们可以用一生来书写的，而且可以写成自己喜欢的样子的开放式作文。

这是一道难不倒却做不完的题，我们总有东西可以写上去，却直到我们人生的终点也不会写完，也许一个人 30 岁以前从未想过这个问题，直到 30 岁以后才开始奋笔疾书，但 30 岁以前难道就是白卷吗？我觉得也未必，一个人的喜怒哀乐、喝过的咖啡、吃过的晚餐、爱过的人、挨过的打，其实都在他后半生书写的画卷中，“我”就是自己最好的作品。

## 唯一的你：你不用做最好的，但要做唯一的

现在想象一下我给你推荐一款游戏，这款游戏有一些规定玩法：比如好好学习可以积累知识、使用金钱可以获得享受、违法犯罪会获得惩罚等；但是这款游戏并没有一个输赢标准，人们都是各自探索，比如有的人把积累金钱当赢，有的人把收集知识当赢，有的人把获得名望当赢……五花八门什么都有。

但有意思的事情是，虽然这个游戏明明没有输赢标准，网上却出了一堆游戏攻略，其中最受欢迎的一篇是这么写的：

建号初期，你要听家长和老师的话，努力学习，但考上大学就不用继续做相关任务了；然后你要听老板的话努力工作，这个阶段必须找到老公／老婆然后把孩子生了，最最最最关键的是要供一套房，如果钱多，就再供一套……这个任务你大概可以做 30 年，做完差不多退休了，进下一阶段；你可以游山玩水，但也有可能是一身伤病……

请问，你想完全按照这个攻略做吗？还是会觉得，这只是个平庸者的生存路线图呢？

在我和我粉丝朋友的交流中，我发现，其实每个人都在尽可能地活出真我，但当环境严重压制真我，人就会把真我藏起来。这个时候，人就会失去一些宝贵的东西。

比如对平庸的过敏。

而不平庸的标准，是变成唯一的你。

问问自己，有什么事情，是你做起来感觉轻而易举，就好像玩游戏一样，而别人即使把它当工作做却怎么做都做不好的？

孔子说“知之者不如好之者，好之者不如乐之者”，而我要加一句：乐之者不如天命者。

如果你创造出只有你，以你独特的才能和经验才能完成的东西来，那恭喜你，你是受命的。而做这件事就是你命运的召唤。

现代舞大师玛莎·葛兰姆说过这样一段话：

有股活力、生命力、能量由你而实现，从古至今只有一个你，这份表达独一无二。如果你卡住了，它便失去了，再也无法以其他方式存在。世界会失掉它。它有多好，或与他人比起来如何，与你无关。保持通道开放才是你的事。

诺贝尔文学奖得主、俄罗斯文豪索尔仁尼琴则有简洁的表达：

每个人都是宇宙的中心。

就在我写下这些文字的前夜，Sora[2] 再一次颠覆了人们的认知，它模拟的不是视频，它模拟的是世界，这让人们再次回归到了最原始的状态。康德说人是目的而不是手段，以往我们都在成为各种“手段”，因为目的无法直接达到，但现在，你脑子里的东西，独一无二的东西，才是不可替代的，手法、平台、工具、媒介，都是可以替代的，一个世界已经为你准备好了，只有人才是唯一的，你才是唯一的。

---

2 美国人工智能研究公司 OpenAI 发布的人工智能文生视频大模型。

## 从容排序：不要问什么很重要，问什么更重要

我以前去过一家公司，看到他们墙上贴的公司价值观：用户至上、质量优先、效率为王。听起来很正确吧？但仔细琢磨下就觉得不对，三者都很重要，但三者是有矛盾的呀，比如你想要提高效率，但质量却下降了，像这样发生冲突的时候，你优先选哪一个呢？

我们在思考自己的人生价值的时候，也很容易遇到这样的问题。价值观的本质，并不是罗列一堆好东西，而是在冲突中做出选择。不是什么很重要，而是什么更重要。

对此，我想给你介绍一个小工具，是心理学家施瓦茨提出来的一套价值观体系。

在一个圈中，他列举了 10 种价值观：自主、探索、享受、成就、资源、安全、服从、传统、仁善和超越。

然后，他在外圈设置了几个针锋相对的维度，比如你对变化是更偏开放还是保守？你更重视内在成长还是外在成就？你更看重与他人的关系，还是更看重自己的发展和感受？

你会发现，在这个圆圈上，如果你特别重视某一个价值观，你可能就不太会看重它对面的那个价值观。这个圈，就是逼你在都有价值的目标中选出你最珍视的那个。

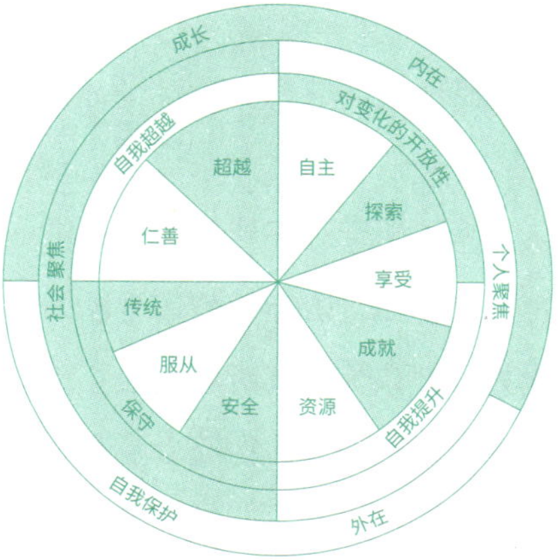


心理学家施瓦茨的价值观体系圈

而如果你的问题是：什么样的价值观会导向更幸福的人生？来自积极心理学的答案是：追求内在价值观的人，比追求外在价值观的人更容易感到幸福。

当然，这并不是说你必须要往上半部分选，价值观真正的作用，是在这个不确定的时代，给自己的一个确定性，减少思考的纠结和焦虑。

回到这幅图你会发现，所有的保护型价值观，就像树的根，要深深扎入土地；而所有的成长型价值观，就像树干，向上生长，开花结果。

研究人员在全世界调查观察到，大家普遍追求的第一个价值观还是“安全”，第二个大多是“仁善”。也就是说，我们共通的人类天性其实是：在保护好自己之后，就想要对他人做出贡献。“仓廪实而知礼节”，说的也是这样的顺序。

在这里，我也把我目前阶段的排序告诉你，你也可以慢慢开始思考你的答案。

超越、自主、仁善、安全、探索、享受、成就、资源、服从、传统。

## 尊重感觉：暂停一下，才感觉得到

我想看到这里，不少朋友想必会绞尽脑汁一番，好好思考自己到底会在图上怎么选？可能有一种在 RPG 游戏（role-playing game，角色扮演游戏）中创建人物时给模型捏脸的冲动，这时，不妨先听听我这个建议，你才能知道，怎样的选择更适合你。

你不用急着给出答案，你可以先确定初步想法，然后慢慢思考，在这个过程中，尊重自己的感觉。

而尊重自己的感觉这一点，是我给你一生的建议。

那么，怎样才能感觉到自己呢？还记得我之前说的那四个按钮吗？感觉自己要用到“暂停键”。暂停一下，等一等。

想吃东西的时候，等 1 分钟再吃；很想去见心爱的人，暂停一下，等一等再见。等待会让你更有意识地行动，更能活在当下，更好地体验那些美好时光。更重要的是，等待让你学着推迟冲动，让你慢慢掌控自己，变得自由。

很多人认为佛陀释迦牟尼主张“无欲”，但其实这个说法不太准确。释迦牟尼并不是让人们消除所有的欲望，只是不希望人们把欲望变成无意识的燃料，而如果你真的愿意随时暂停一下，等一等，体会一下当下，那你就能有意识地体验到幸福。因为这个时候，你才能“感觉”。

尊重自己的感觉，是真实活着的证明。

## 拥抱关系，审视关系：世界那么大，总有一个人可以拥抱

我们前面说了，很多人因为环境的压制而把真我藏了起来，活不出自我，而如今也有一些人走到了活出自我的另一面，那就是把“忠于自己”等同于“我对自己的认知和解释绝对正确”。这样一来，这些人就会误以为，只要关注自己的内心，就

能创造出生活的价值和意义，把外部世界看成多余的，甚至看成“自我实现”的障碍和敌人。

那么，我们要如何平衡自己的内心和外部世界呢?

我的建议是：拥抱关系，审视关系。

首先，我们需要拥抱关系，即使你处理关系的能力不够好，也仍然要勇敢地构建基本的人际关系，不要把自己彻底封闭在孤独中。世界非常之大，要相信，每个人都能找到与自己相匹配的关系，特别是亲密关系。

同时，在构建和维系关系时，要明智，不要太理想化。说白了，就是要去构建对自己有益的关系。所以，和谁在一起，要有意识地去选择。当一份关系变得有“毒”时，要敢于结束它。当然，血缘关系是难以结束的，那么就要勇于远离。

很多人害怕建立关系，其中的一个理由是，害怕关系过于深刻，即使它之后变得有“毒”了，也没有力量进行心理脱钩，结果遍体鳞伤。

在这里，我想分享一位印度智者，也是佛学修行者萨古鲁应对关系的做法，虽然你不需要像他一样，但可以体会一下这种感觉。

在萨古鲁看来，与人的交往可以有三种模式——

第一种是选择：也就是只跟你喜欢的人交往，避免你厌恶的人。这也是我们大多数人的做法，但在萨古鲁看来这种模式仍然是不自由的。

第二种是疏离：也就是干脆尽量避免与人交往。你不想跟任何人发生纠葛，但是你降低了你自己的生命力，这是不好的。

萨古鲁选择的是第三种——包容性：想象每个人都是大自然的一员，没有什么亲疏远近，对谁都全心全意。没有强迫，没有后果，没有纠葛，没有选择，没有特别亲的，没有特别坏的。

这给了我们一个新的思考角度，我们常常想要特别亲的关系，但特别亲的关系往往容易造成特别痛的感觉，而没有处理好痛，就会让关系变得有“毒”。如果这个时候你能试着用包容性的关系再来审视一遍，你会发现，你和TA，其实都是自由的，也许，你并不需要强行去结束这段关系，很多时候这意味着对你和TA的重大伤害，你只是换了一下视角，一切又都好起来了。而当你决定结束一段关系的时候，让自己回到包容性的状态，这会让自己继续和世界连接，继而更快地恢复生命力。

## 我是一个名词，也是一个动词

你还记得吗，在我们之前的课程中，我们曾经讲过一种重要的幸福来源，就是心流。

而“心流之父”契克森米哈赖认为，所有心流中，最了不起的，是把你整个人生都活成一场心流，他称之为“Universal Flow”（大心流）。

我的故事中的这个“我”不是一个名词，而是一个动词。

正是你每时每刻都在自主行动，才让你每时每刻都生活在意义感之中。我的故事不是想出来的，是活出来的。

在这个过程中，你会发现，我不是一直完整的，我会破损。自我从未破损的一生，也是枯燥干瘪的一生，而伤口，却是光能照进来的地方。你不断破损，又不断修复，长出更多韧性、更多智慧。

所以最后我想祝福你，勇敢地活吧！接纳你的苦，拥抱你的伤，投入地去爱一个人，投入地去做一件事，你越真实，越主动，越用力，就会越没有遗憾。你的故事，在你做下的每一件小事当中，在你当下每一次的感受当中，在你每一个步子里，在你每一次呼吸中。

终于到了尾声，有很多不舍，留到下次再续，我是满堂，祝你幸福！

### 关键概念

自我认识：对自己存在的认知和理解，包括个人的思想、情感和体验。

自由意志：个体在没有外力干预的情况下，根据自己的意愿做出选择的能力。

心流：在完全投入活动时感受到的一种忘我和充满乐趣的状态。

存在主义：一种强调个人自由、选择和个人责任的哲学思想。

# 参考文献


[1] Harris, S. (2012). *Free Will*. Free Press.

[2] Damasio, A. R. (1994). *Descartes' Error: Emotion, Reason, and the Human Brain*. Putnam Publishing.

[3] Kahneman, D. (2011). *Thinking, Fast and Slow*. Farrar, Straus and Giroux.

[4] Sartre, J.-P. (1943). *Being and Nothingness: An Essay on Phenomenological Ontology*. Washington Square Press.

[5] Bandura, A. (1997). *Self-Efficacy: The Exercise of Control*. W. H. Freeman.

[6] Hood, B. (2009). *The Self Illusion: How the Social Brain Creates Identity*. Oxford University Press.

[7] Wright, R. (1994). *The Moral Animal: Why We Are, the Way We Are: The New Science of Evolutionary Psychology*. Vintage.

[8] Frankl, V. E. (1946). *Man's Search for Meaning*. Beacon Press.

[9] Sartre, J.-P. (1946). *Existentialism is a Humanism*. Yale University Press.

[10] Kundera, M. (1984). *The Unbearable Lightness of Being*. Harper & Row.

[11] Tolle, E. (1997). *The Power of Now: A Guide to Spiritual Enlightenment*. New World Library.

[12] Gilbert, D. (2006). *Stumbling on Happiness*. Knopf.

[13] Eagleton, T. (2007). *The Meaning of Life: A Very Short Introduction*. Oxford University Press.

[14] Sartre, J.-P. (1948). *Existentialism and Human Emotions*. Citadel Press.